Christina Barandun, *dynamic safe spaces*

Christina Barandun, geb. 1974, ist Theaterwissenschaftlerin und Beraterin für Organisationsentwicklung sowie systemische Coachin für Führungskräfte und Teams. Seit 2013 berät sie Kulturbetriebe und freie Ensembles. Sie lebt in Bonn und ist Gründungsmitglied des Thinktanks »Zukunft des Theaters – networking for change« (www.barandun.de).

Christina Barandun

dynamic safe spaces – Der geschützte Raum

Erfolgreiche Kommunikation in künstlerischen Ensembles und Kulturbetrieben

Alexander Verlag Berlin

»Nichts, was eine Agenda nicht lösen könnte.«
H. B.

Originalausgabe

Postfach 19 18 24, D-14008 Berlin
www.alexander-verlag.com | info@alexander-verlag.com

Lektorat: Christin Heinrichs-Lauer
Korrektorat: Katja Karau
Grafik/Layout/Umschlaggestaltung: Antje Wewerka
Die Handzeichnungen im Buch stammen von der Autorin.
ISBN 978-3-89581-599-7
Printed in the EU (May) 2023

»Das methodisch Einmalige an der Herangehensweise von Christina Barandun ist die Verbindung ihrer Sicht als Coach mit der als Theaterexpertin. Ihre Arbeit paart das Beste aus zwei einander befruchtenden Welten: Hier die ganzheitliche und systemische Veränderung von Organisationen, da der künstlerische Betrieb, dessen größte Besonderheit möglicherweise genau in seiner ständigen Form- und Veränderbarkeit besteht.«

Amelie Deuflhard und Jonas Zipf, Kampnagel Hamburg

»Christina Barandunѕ vielfältige Expertise und ihre ganzheitliche Betrachtungsweise schaffen sehr wertvolle Handlungshilfen für gelingende und achtsame Kommunikation im Theaterbetrieb.«

Nicole Schneiderbauer, Staatstheater Augsburg

»Plötzlich erscheint ergebnisorientierte, konstruktive Kommunikation im Spielbetrieb machbar und man bekommt Lust, neue Techniken auszuprobieren.«

Simone Linhof, Stage Entertainment

»Ein hochaktuelles und lebendiges Werk über Kommunikation und Gruppenprozesse im Feld der Kunstproduktion. Es regt zur Reflexion an und ermutigt gleichzeitig, neue Wege zu gehen. Auch für Akteur*innen der Freien Szene, die stetig in wechselnden Kollektiven und Arbeitszusammenhängen wirken, ist diese Lektüre ein Muss!«

Simone Schulte-Aladağ, Tanzbüro München

Inhalt

Die Kraft des Raums

Vorwort

In den letzten vier Jahren habe ich zunehmend mit Teams, größeren Kollektiven und Ensembles oder Kulturorganisationen gearbeitet. Damit ist das Phänomen der Gruppe verstärkt in mein Leben getreten – in ihrer ganzen Vielseitigkeit. Einerseits mit ihrer Gestaltungswilligkeit, ihrer Intelligenz, ihrer Strahlkraft und Dynamik, andererseits mit ihrer unterschwelligen manipulierenden oder lähmenden Kraft, ihrer brutalen Zerstörungswut und den zahllosen Stracheldrahtzäunen, die sie in einem Raum aufspannen kann.

Während dieser Zeit habe ich immer weiter erkundet, wie die Struktur und Ausgestaltungsformen von »sozialen Gruppen-Räumen« aussehen können und was sie in Bezug auf die künstlerische Praxis bedeuten können. Denn die Arbeit in einer funktionierenden Gruppe ist für mich die wesentliche Grundlage jeder künstlerischen Arbeit, gleichgültig, ob sie direktiv von oben gelenkt wird oder kollaborativ funktioniert.

Dabei ist mir die zentrale Rolle des Raumes – nicht nur des physischen, sondern auch des sozial gestalteten Raumes – noch einmal bewusster geworden. Schon immer habe ich »Räume« mitgestaltet und -getragen: ob in Theaterprojekten oder choreografischen Arbeiten, als Gruppenleiterin in einem französischen Ferienlager, als Organisatorin von studentischen Theaterfestivals oder beim Unterrichten von Tanz und Kampfkunst. Immer ging es darum, einen einladenden Raum mit Rahmenbedingungen zu schaffen, durch die etwas passieren kann, in dem sich durch die Begegnung von Menschen etwas bewegt und entwickelt, eine Gemeinschaft in Transformation entsteht.

Meine Erkenntnis ist: Je besser der lebendige Raum gewählt, vorbereitet, gestaltet, durchdacht und emotional einfühlsam gelenkt ist, desto freier, leichter und entspannter kann die Gruppe miteinander schwingen, konstruktiv bleiben und zu einem nächsten Schritt kommen. Manchmal braucht es nicht mehr als eine Agenda und Moderation.

Letztlich ist dies keine neue Erkenntnis. Sie geht zurück auf das jahrtausendealte Wissen um ritualisierte Räume, die wir auch heute noch auf Familienfeiern, Konzerten, politischen Veranstaltungen, an Schulen, in Vereinen, Gottesdiensten etc. gestalten – Orte, an denen Menschen zusammenkommen und Gemeinschaften bilden, um sich auszutauschen, Übergänge zu gestalten, miteinander zu lernen und zu wachsen, sich zu besinnen und sich – in spirituellen, religiösen Kontexten – auf einen höheren Sinn auszurichten.

Da die Ursprünge des Theaters genau in diesem heiligen Raum liegen, was könnte passender sein, als diese Kraft auch für die Zusammenarbeit auf und hinter der Bühne zu nutzen?

So möchte ich in diesem Buch Tools und Erfahrungen mit allen Kulturschaffenden teilen, die mit Gruppenprozessen zu tun haben – ob als Bühnentechniker*in, Werkstättenmitarbeiter*in, Inspizient*in, Chorsänger*in, Tänzer*in, Darsteller*in, Regisseur*in, Dramaturg*in, Bühnenbildner*in, Theater-/Musikpädagog*in, Mitarbeiter*in in der Verwaltung, in der Masken- und Kostümabteilung, im Künstlerischen Betriebsbüro oder in der Presse- und Öffenlichkeitsarbeit etc. bzw. als Mitglied eines freien Ensembles –, in der Hoffnung, dass Ideen und Impulse und somit kreative geschützte Räume für ein gutes Miteinander im Team entstehen können.

Bonn im März 2023, Christina Barandun

Eine lernende Kulturorganisation – eine Einladung

Derzeit wird in der gesamten Theaterlandschaft nach Reformen verlangt, es werden Strukturdebatten geführt, neue Modelle ausgerufen, die Zukunft des Theaters proklamiert. Wie ein Kulturdezernent in einem Workshop lapidar kommentierte: »Das Theater schreit seit vierzig Jahren nach Reformen.« Und er hat Recht, wahrscheinlich schreit es schon viel länger danach. Oder anders, es wandelt sich kontinuierlich.

Die Welt wandelt sich – seit sie existiert. Die Bedürfnisse aller Mitarbeitenden ändern sich und wollen berücksichtigt werden – seit jeher. Wir suchen nach wirksamen »Lösungen« für die Arbeitsprozesse – seit jeher.

Künstlerische und strukturelle Entwicklung im kontinuierlichen Dialog

»Gut, dann machen wir den Organisationsentwicklungs-Prozess, aber irgendwann muss dann auch mal Schluss sein.« Diese Aussage eines Intendanten in einem Beratungsgespräch bringt für mich eine Grundhaltung auf den Punkt, die mir häufiger begegnet: Warum wird der Arbeitsprozess von dem künstlerischen Prozess abgekoppelt gedacht, wo sie doch so offensichtlich ineinandergreifen? Wenn man zum Beispiel den Bühnenraum anders nutzen will und neue Medien integrieren möchte, müssen letztendlich auch die Arbeitsprozesse in der Technik und sogar in der Verwaltung neugestaltet werden. Möglicherweise müssen neue technische Kompetenzen erlernt oder rechtliche Themen abgefragt werden. Wieso soll es eine fertige, abgeschlossene »Lösung« auf struktureller Ebene geben, wenn wir auf künstlerischer Ebene die Suchbewegung und das Neue so aufregend finden? Oder die gesellschaftlichen Strukturen (in die das Theater selbst organisatorisch eingebettet ist) *künstlerisch* hinterfragen? Wie soll das Neue auf künstlerischer Ebene mit einmal gelösten und damit auch wieder »veralteten« Strukturen und Prozessen funktionieren?

Die Frage müsste eigentlich lauten: Wie können wir mithilfe von kreativer Energie Veränderungen von Strukturen und Prozessen herbeiführen und auch ihre regelmäßige Anpassung als integralen Teil des künstlerischen Prozesses betrachten?

Ich glaube nicht an die *eine* strukturelle »Lösung«, an die magische Formel, das Heilsversprechen, bei dem alles »gelöst« ist und wir in einem vermeintlich paradiesischen Zustand angekommen sind, am Ende des Märchens, in der Hoffnung, dass wir nun »glücklich bis ans Lebensende« nur noch Kunst machen können. Denn Kunst gibt es nicht ohne die organisatorische, strukturelle und emotionale Zusammenarbeit. Also ist es sinnvoll, alles zusammenzudenken und gemeinsam zu entwickeln.

Erstrebenswert kann aus meiner Sicht nur sein, die künstlerische Kreativität und Entwicklung um den Blick auf die organisatorische, strukturelle und emotionale Zusammenarbeit zu erweitern und für einen kontinuierlichen gemeinsamen, ineinander verwobenen Lernprozess zu sorgen, hin zu einem ganzheitlich lernenden Theaterbetrieb.*

---

* Die Idee der lernenden Organisation hat Peter M. Senge ausführlich in seinem Standardwerk beschrieben: Peter M. Senge: *The Fifth Discipline. The Art & Practice of the Learning Organization*, Currency, New York 2006.

Ein theatrales Multiversum wertschätzen

Diesen Gedanken können wir auf die gesamte Theaterlandschaft ausweiten. Was das Theater der Zukunft im 21. Jahrhundert angeht, so bin ich fest davon überzeugt, dass es nicht eine Form, sondern eine amorphe, wandelreiche Vielgestalt sein wird, die sich kontinuierlich entwickelt und in den verschiedensten Theaterformen gleichzeitig lebendig sein wird – ein »theatrales Multiversum«.

Die große Herausforderung für uns alle wird sein, das Andere und Vielfältige, für uns Unmögliche wohlwollend stehenlassen zu können und in dem Sowohl-als-Auch, in der Gleichzeitigkeit zu leben.

Es geht weniger darum, alle die über Jahrzehnte, wenn nicht Jahrhunderte verfeinerten Produktionsprozesse und verschiedenen Theaterformen über den Haufen zu werfen, sondern den künstlerischen Menschen heute mit seinen aktuellen Bedürfnissen in den Formen, Strukturen und Arbeitsprozessen mit zu berücksichtigen und zu integrieren, gleichgültig in welchem Format. Dazu zählt auch, die Erwartungen und Haltungen eines Publikums aus dem 21. Jahrhundert mitzudenken.

Vielleicht muss am Ende gar nicht so viel verändert werden. Zumindest ist es im Sinne eines gesunden Wandels ein guter erster Schritt, nicht gleich alles über Bord zu werfen, sondern bei einigen praktischen Stellschrauben zu beginnen. Dazu müssen wir in den Austausch kommen – zwischen den und jenseits der Kunstschaffenden.

Strukturelle Kommunikation als Grundlage einer Lernkultur – Aufbau des Buches

Bevor wir auf Modelle, Strukturen und Formate näher eingehen, müssen wir uns erst einmal über die Grundlage klar werden, die Veränderung überhaupt möglich macht: die *strukturelle Kommunikation*. Dabei geht es um die Fähigkeit, uns in unseren vielfältigen Stimmen überhaupt wahrzunehmen, die Bedürfnisse jedes und jeder Einzelnen kennenzulernen und keine Perspektive außen vor zu lassen, sondern in einem vielseitigen Dialog die nächsten Entwicklungsschritte gemeinsam hörend zu gestalten, um nicht im Nachgang wieder zurückrudern zu müssen.

Im Folgenden habe ich einige Gedanken und praktische Tipps zusammengetragen, wie sich Kommunikationsstrukturen in künstlerischen Betrieben oder freien Gruppen sortieren und strukturieren lassen, um das Miteinander leichter und fließender zu machen – ohne gleich alles verändern zu müssen.

Im ersten Teil schauen wir uns die Grundgefäße von Kommunikationsstrukturen an: die Gestaltung einer Besprechung mit Moderation, Feedback- und Entscheidungsformaten, den Umgang mit Gruppendynamiken und wie die Ergebnisse dieser zwischenmenschlichen Begegnungsformen in Informationswegen und Prozessen im Anschluss weiterfließen.

Dieser Teil richtet sich an alle Mitarbeitenden in Kulturbetrieben (von der Technik über die Verwaltung bis hin zu allen künstlerischen Abteilungen) und bietet Grundlagen und Handlungsstrategien für die tägliche Zusammenarbeit von Ensembles und Teams in einer freieren Organisation.

Im zweiten Teil sehen wir, wie wir diese (kommunikativen) Gefäße anhand eines Modells, das ich *dynamic safe spaces* nenne, noch etwas verfeinern und an den künstlerischen Probenprozess mit seinen sensiblen emotionalen und kreativen Räumen anpassen können. In diesem Modell habe ich meine Erfahrungen aus Gesprächen, Workshops und Coachings zusammengetragen, in der Hoffnung, dass Ensembles mit vier verschiedenen *safe spaces* und ihren jeweiligen Qualitäten eine gemeinsame Sprache entwickeln können, um zu verstehen, wo sie gerade stehen und was sie brauchen.

Das Modell soll helfen, das erfahrungsgemäß unübersichtliche Geflecht von organisatorischen, zwischenmenschlichen und künstlerischen Spannungen und Konflikten zu sortieren und bearbeitbar zu machen. Es ist ein Angebot, wie man sinnvollerweise in dieses sehr fragile Probengebilde überhaupt eingreifen kann, ohne die künstlerische Freiheit und Kreativität und diesen heiligen, geschützten Raum zu stören.

Ich hoffe, mit den Impulsen aus diesem Buch allen am künstlerischen Prozess Beteiligten Hilfestellung zu bieten und somit beim Entwirren, Aufweichen und Strukturieren einiger organisatorischer, prozessualer und zwischenmenschlicher Aspekte des künstlerischen Arbeits-Miteinanders beizutragen, damit Luft und Raum für das Eigentliche entstehen kann: die Kunst.

Teil 1

Kommunikations-Architektur: Dynamische Begegnungsräume und Informationsprozesse gestalten und bewahren

Grundlagen einer strukturellen Lernkultur

Ohne ein Miteinander – den Austausch in Gruppen und die Kommunikation untereinander – kann alltägliche künstlerische Arbeit in Kulturbetrieben und der freien Szene nicht stattfinden.

Oft liegen einem konstruktiven und reibungslosen inhaltlichen und damit künstlerischen Austausch aber organisatorische, strukturelle und gruppendynamische Stolpersteine im Weg: Wichtige Informationen versickern oder erreichen nicht alle; Besprechungen werden persönlich und hochemotional, sind ineffektiv oder finden erst gar nicht statt; sachliche und organisatorische Reibungsflächen oder ungeklärte Rollen und Aufgaben führen zu zwischenmenschlichen Konflikten; der Wunsch nach Arbeit auf Augenhöhe wird mit »Alle reden überall mit« verwechselt und lähmt Entscheidungs- und Entwicklungsprozesse.

Jede*r würde sich am liebsten nur auf »die Kunst« konzentrieren und vermeintlich überflüssige nervige Alltagsprobleme ignorieren. Doch wer die praktischen Dinge außer Acht lässt, wird während des Kunstschaffens permanent von den ungeklärten Organisations- oder Beziehungsproblemen gestört. Wenn eine Musikerin auf einem unbequemen Stuhl sitzt, wird sie sich nicht komplett auf ihr Instrument konzentrieren können. Wenn ein Künstler einen Kommentar, den ihm jemand am Tag vorher an den Kopf geworfen hat, nicht vergessen kann oder er zu viel Angst hat, Bedenken zu äußern, sind seine kreativen Kanäle weniger durchlässig und verfügbar oder er vergeudet viel mentale Energie, um trotzdem Kunst zu machen.

Kommunikation dient letztlich nicht sich selbst. Sie ist das Mittel, das einen Lern-, Entwicklungs- und Entfaltungsraum ermöglicht, in dem wir in Selbstreflexion und in der gegenseitigen Auseinandersetzung aneinander wachsen.

Eine gute, strukturierte Kommunikationskultur in Teams und Ensembles ist eine notwendige Voraussetzung für ein kreatives künstlerisches Arbeitsumfeld. Sie fördert auch persönliches Wachstum, Selbsterfahrung und eine breite Menschenkenntnis – wertvolle Inspirationsquellen für alle Kunstschaffenden.

Die vermeintlich neue Qualität von Kommunikationsformaten in den agilen Formen*, die derzeit als Heilsbringer gelten, ist die Ritualisierung der Kommunikationsstruktur, das heißt der Besprechungen, der Zeitpunkte und der Rückkopplungsschleifen.

Im Grunde ist dies ein uraltes Weisheitsprinzip: Wenn wir lernen und uns entfalten möchten, benötigen wir geregelte Strukturen, die uns mit sanftem Druck »zwingen«, uns zu bestimmten Zeitpunkten miteinander auseinanderzusetzen, unabhängig von den vielen täglichen Notfällen, dem zeitfressenden Tagesgeschäft und manchmal auch der eigenen Unlust. Das bedeutet nicht, dass wir nicht innerhalb der regulierten Räume frei sein können, doch wenn wir miteinander gestalten möchten, sind zuverlässig abgesprochene Zeiten des Zusammenkommens auf wiederkehrender Basis sehr hilfreich. Sie ermöglichen Effizienz, unterstützen den Lernprozess und fördern Vertrauen und Gemeinschaft auf zwischenmenschlicher Ebene.

Auf den folgenden Seiten stelle ich drei wesentliche Handlungsstrategien vor und erläutere, wie strukturelle Kommunikation gelingen kann. Damit können Sie bereits Ihre eigene Kommunikationsstruktur analysieren und gegebenenfalls Änderungsimpulse vornehmen. Die darauffolgenden Kapitel beschreiben

---

* Scrum, Selbstorganisation, Holocracy etc.

Techniken und Beispiele zur konkreten Umsetzung dieser Strategien.

Komplexitätsgerecht handeln: Prinzipien folgen statt Pläne festlegen

Intuitiv greifen die Vorreiter*innen der neuen Arbeitsformen auf alte ritualisierte Strukturen zurück, um ihre stabilisierende Wirkung für unruhige, überraschende und schnelle Wechsel zu nutzen. Besonders in einem derart fluiden Betrieb wie dem Theater, in dem vieles neu geschaffen, kreiert, umgebaut, auf den letzten Drücker geklärt, umdisponiert und organisiert werden muss, gilt es, auf der einen Seite die Kommunikations-Infrastruktur verlässlich zu installieren, um in diesem Sicherheitsnetz auf der anderen Seite eine große Wandlungsfreiheit zu erlangen.

Derzeit findet ein Paradigmenwechsel statt: New Work, Empowerment der Mitarbeitenden, agiles Arbeiten etc. sind Entwicklungen, die einen systemischen Ansatz verfolgen. Die Welt ist hochkomplex, alles wirkt auf alles und jede*n ein und Herausforderungen lassen sich nicht mehr ohne Blick auf das ganze Geflecht an Zusammenhängen lösen. Die Deutsche Gesellschaft für Systemische Therapie, Beratung und Familientherapie e.V. beschreibt, dass die systemische Herangehensweise ermöglicht, »komplexe Phänomene, die menschliches Leben und Zusammenleben charakterisieren, komplexitätsgerecht aufzufassen und eine passende Methodik zu ihrer Behandlung zu entwickeln. (…) Die systemische Perspektive rückt deshalb die dynamische Wechselwirkung zwischen den biologischen und psychischen Eigenschaften einerseits und den sozialen Bedingungen des Lebens andererseits ins Zentrum der Betrachtung (…)«.*

Passend zu dieser Entwicklung sind gleichzeitig die hohe ge-

* https://www.dgsf.org/service/was-heisst-systemisch

sellschaftliche Akzeptanz und das wachsende Angebot östlicher Praktiken wie Meditation, Yoga, Akkupunktur, ganzheitliche Ernährungsberatung etc., die zum Teil auch von den Krankenkassen übernommen werden und zu Standardangeboten im Betriebssport werden, zu beobachten. Der Philosoph und langjährige China-Experte François Jullien beschreibt, wie wir im westlichen Handeln geprägt sind von der Denkweise, inhaltlich vorzudenken und zu planen mit der latenten Angst und Unsicherheit, dass das Unerwartete und Unplanbare eintritt, für Irritationen sorgt und wir oft mit viel Aufwand und Kosten mühsam erarbeitete Pläne umorganisieren müssen.

Das östliche Denken handelt im Bewusstsein, in einem fortwährenden Strom des Wandels (Tao) zu leben. Es arbeitet mit Rahmenbedingungen, Prinzipien und Strategien, die sich von Moment zu Moment flexibel anpassen und mit dem Lebensfluss in Einklang bringen lassen.*

Wenn ich mich beispielsweise dem Prinzip der Nachhaltigkeit verpflichte, kann ich dieses täglich in nahezu jeder Alltagssituation ohne großen Aufwand anwenden: Ich schalte zu Hause nicht alle Lampen an, ich steige aufs Fahrrad oder nutze den Nahverkehr, um zur Arbeit zu kommen, ich bringe meine eigene Tasse mit in die Kantine für einen Tee oder Kaffee etc. Es bedarf lediglich der Achtsamkeit und Reflexion über das eigene Tun (s. »Motoren des Lernens und Wandelns: Beispiele für Reflexionsformate *am* System«, S. 178 ff.), um das Handeln mit den eigenen Prinzipien kontinuierlich abzugleichen und gegebenenfalls nachzujustieren.

Auch strukturell lassen sich Rahmenbedingungen schaffen, in denen das Prinzip Anwendung findet: Im persönlichen Umfeld kann das zum Beispiel die Abschaffung des Autos sein, so dass ich gar nicht erst auf die Idee kommen kann, es zu nutzen; in

* Vgl. François Jullien: *Vortrag vor Managern über Wirksamkeit und Effizienz in China und im Westen*, Merve Verlag, Berlin 2006.

der betrieblichen Produktion kann etwa generell die Regel gelten, Bühnenbilder nur aus vorhandenem Material zu gestalten oder Kostüme nur secondhand zu erwerben oder aus dem Fundus zu nutzen.

Inhaltlich detaillierte Pläne lassen sich in der hyperschnellen, komplexen Welt von heute nicht mehr auf lange Sicht sinnvoll schmieden. Oder sie werden einfach regelmäßig über den Haufen geworfen, was auf Dauer müde macht, die Mitarbeitenden genervt oder krank hinterlässt und damit auch zu sozialen Kosten führt, wie wir es in der Pandemie beim Um- und Neuplanen der Produktionen, der Corona-Schutzmaßnahmen, der Publikumsbeschränkungen etc. gesehen haben.

In diesem Sinne ist der zumindest in unserer Kultur »neue« Anspruch an strukturierter Kommunikation, Abläufe weniger über geplante Inhalte, sondern über prozessorientierte Rahmensetzungen zu gliedern und den Lern- und Wandlungsprozess selbst zu institutionalisieren.

Den Lernprozess institutionalisieren: Wandelbarkeit als Gewohnheit etablieren

Den Lernprozess zu institutionalisieren, zum Beispiel feste Termine für bestimmte Besprechungen zu planen oder die Informationsflüsse (s. S. 160 ff.) gezielt zu gestalten, ist für eine Lernkultur wichtig. Lernen bedeutet Wandel, doch Wandel mögen Menschen nicht grundsätzlich.

Wir sind Gewohnheitstiere. Da wir Veränderungen als mühsam oder eher unangenehm empfinden, neigen wir dazu, die alten Wege weiterzugehen. Eine Gewohnheit zu verändern (s. langsames Denken, S. 45) ist unbequemer und energiefressender. Auch im Alltag kennen wir dieses Phänomen. Wenn wir uns nicht die Zeit und Aufmerksamkeit nehmen, etwas Neues zu lernen, lassen wir Dinge einfach laufen: »Eigentlich müsste ich mal die Stühle umstellen, das Passwort ändern, den Schrank aufräumen, der Technik Bescheid geben …« – Wir gehen ungern Dinge an, die einen Aufwand bedeuten und eine Gewohnheitsänderung nach sich ziehen. Auf dieser inneren Trägheit beruht auch der Wahrheitsgehalt der Aussage: »Nichts hält länger als ein Provisorium.«

Erst wenn wir uns in regelmäßigen Abständen Zeit zum Innehalten, Hinterfragen und bewussten Ändern von Dingen nehmen, entsteht ein Lernfluss und wir geraten nicht in eine Provisoriumsstagnation.

Eine fest installierte Selbstreflexionszeit hilft uns Gewohnheitstieren Veränderung selbst zur Gewohnheit zu machen (und den inneren Schweinehund zu überlisten) – weg vom Trigger »Oh Schreck, es ändert sich etwas!« und hin zu »Gut, dass sich etwas ändert.«*

Wie es in der Kunst festgelegte Probenzeiten gibt, um Dinge entwickeln und ausprobieren zu können, ohne von Anfang an zu wissen, wohin die Reise geht, so bedarf es auch fester »Begegnungsräume«, die die Möglichkeit bieten, flexibel zu handeln und auch mit Unerwartetem spontan umzugehen.**

Zu einer ritualisierten Struktur gehört es beispielsweise, vorgefertigte Kanäle zu schaffen. Wenig sinnvoll ist es, Kommunikationswege und -gefäße wie zentrale Sitzungen selbst (z. B. Dramaturgie-, Dispo-Sitzungen) immer wieder neu zu terminieren und spontan festzulegen, sondern ganz im Gegenteil: Will ich zügig, situationsgerecht und unmittelbar reagieren, benötige ich

---

* Vgl. Wendy Wood/Dennis Rünger: »Psychology of Habit«, in: *Annual Review of Psychology*, Vol. 67/2016, S. 306.

** In der IT-Entwicklung sind agile Prozessabläufe vordefiniert, beispielsweise in der Scrum-Methode mit ihren Sprints, Backlogs, Retrospektiven etc.; im katholischen Ritus wie im Islam gibt es die Stundengebete als einen »Prozessrahmen« für einen Tagesablauf; im Bundestag eine Geschäftsordnung für Sitzungsverläufe; bei Gericht eine Prozessordnung …

sichere, unveränderte und geregelte Begegnungsräume, in denen umgehend Lösungen gefunden werden können und keine wertvolle Zeit mit Terminfindungen verloren geht. Sie sind die zentralen »Lern- und Entwicklungsräume« im betrieblichen Alltag, um eine Kulturinstitution systematisch in eine lernende Organisation zu verwandeln. Sie stellen die Momente einer Wanderung dar, in denen wir auf die Karte blicken und schauen, ob wir überhaupt noch auf dem richtigen Weg sind; sie ermöglichen uns, innezuhalten, um unsere Strategie neu auszurichten, und verhindern, dass wir uns von Produktion zu Produktion an der gleichen Stelle aufreiben. Diese Begegnungsräume können sogar zu Zeiten der Selbstheilung, Regeneration, neuen Ausrichtung und Inspiration werden. Sie bieten Gelegenheit für Austausch auf Augenhöhe, Verarbeitung und Wandlung, hin zum systemischen Wachstum.

Feedback-Schleifen: Kontinuierliche Rückkopplung mit dem gesamten System

Im institutionalisierten Prozess – beispielsweise durch feste Besprechungstermine oder etablierte Informationskanäle – braucht es für ein lernendes System Rückkopplungen zum gesamten System, um von Moment zu Moment mit allen Beteiligten am Puls des Wandels zu sein: das Feedback-Prinzip.

Wir benötigen Rückmeldung, zum einen auf persönlicher Ebene zur Motivation und für das Gefühl, gewertschätzt und Teil des Ganzen zu sein. Nichts ist schwieriger für uns Menschen als das Empfinden, ignoriert und nicht wahrgenommen zu werden. Es ist sehr wichtig zu wissen, wo man gerade steht und ob man auch auf der richtigen Spur ist. Feedback schafft Vertrauen, motiviert (selbst negatives Feedback), gibt Anregungen zur Weiterentwicklung und erdet im Moment. Es ist ein Motor zur Entwicklung, sowohl auf sachlicher, fachlicher als auch auf menschlicher Ebene.

Ein Kommentar, der Steve Jobs zugeschrieben wird: »Danke, dass du diesen Fehler gemacht hast. Was lernen wir als Organisation daraus?« – Gerade für Kunstschaffende ist dieses Instrument der Rückmeldung ihr »täglich Brot«: probieren, ansagen, Kritik üben, das Üben selbst ... All dies sind Lernformate und sie führen zu diesem Grundprinzip: ausprobieren, tun, kontrollieren, neu ansagen. Eine Regisseurin gibt einem Schauspieler Rückmeldung, das Publikum gibt durch Applaus Rückmeldung, die Gewerke geben durch ihre Anfertigungen Rückmeldung, die Künstler*innen geben durch ihr Tun Rückmeldung (vgl. Teil 2 *dynamic safe spaces*, S. 223 ff.). Ohne Austausch kein Fortkommen, keine Weiterentwicklung, kein Ergebnis. Angesichts der großen Bedeutung von Feedback ist es oft erstaunlich, wie wenig Wert darauf gelegt wird, dass es sinnvoll, strukturiert und vor allem konstruktiv erfolgt.

Zum anderen benötigen wir Rückmeldung auch im gesamten System, beispielsweise durch Rückkopplungsschleifen in Form von zuverlässig stattfindenden strategischen Reflexions-Besprechungen. Wie ein Navi gleichen sie kontinuierlich ab, ob wir noch auf dem Weg sind, und geben Orientierung – ob unser Handeln noch mit unseren selbstgesetzten Prinzipien oder unserem Anspruch übereinstimmt oder wir das eine oder andere nachjustieren sollten.

Eine Organisation ist wie ein Bindegewebe, in dem viele Individuen miteinander in vielen organisatorischen Abhängigkeiten und Arbeitsbeziehungen gleichzeitig stecken, die auf das eigene Arbeitsfeld Einfluss haben. Je präsenter wir das gesamte Gewebe im lebendigen Austausch vor Augen haben (z. B. durch Anwesenheit in einer Besprechung), desto leichter finden wir den Dreh- und Angelpunkt für einen nächsten passenden Impuls und sind in der Lage zu erkennen, welche Blockade an welcher Stelle sinnvoll gelöst werden sollte.

Zudem ist die Geschwindigkeit zwischen Entscheidung und Auswirkung kürzer. Wir können gleich abfragen, was eine Idee, eine Richtung, eine Entscheidung »im System« bewirken wird, weil wir es an den Menschen und ihren Reaktionen ablesen können oder idealerweise von ihnen gespiegelt bekommen.* Die Reaktionszeit wird verkürzt und wir vermeiden Gerüchteküche, Missverständnisse und Umwege. Die Kraft vieler Perspektiven schafft stimmigere Lösungen.

Die Herausforderung für Feedback-Schleifen in hierarchischen Systemen ist, dass sie nach oben immer dünner werden. Während Angestellte auf der untersten Ebene laufend Kommentare zu ihrer Arbeit bekommen, wird das Feedback – je höher man kommt – immer weniger und wertloser. Viele Intendant*innen und Geschäftsführende wissen kaum noch wirklich, was im Haus passiert, da sie keine realen Rückmeldungen erhalten. »In der Leitungsrunde sagt niemand etwas«, lautet der Kommentar von Leitenden, wenn ich sie darauf anspreche. Auch hier können Besprechungen gehaltvoll sein, wenn wir uns an einige Formate halten (s. »Im-Kreis-Sprechen oder *tour de table* – in Besprechungen mit Führungskräften«, S. 84).

Ziel ist es, vorausschauendes Lernen selbst strukturell zu integrieren (»Jetzt, wo wir gerade darüber sprechen, wird mir nochmals klar …«), und nicht nur dann zu reagieren, wenn bereits etwas passiert ist. Die Kunst ist es, vor oder auf der Welle zu reiten und nicht hinterherzuschwimmen oder von ihr überrollt zu werden.

---

* Dieses Prinzip liegt dem Design Thinking zugrunde, das von David Kelley, Professor an der Stanford University, geprägt wurde. Inspiriert von der Bauhaus-Bewegung mit ihrem interdisziplinären Austausch, um Gebrauchsgegenstände und künstlerischen Anspruch zu verbinden, steht auch beim Design Thinking in der Entwicklungsphase eines Produktes ein enger Austausch mit den Kund*innen bzw. Endnutzer*innen eines Produktes im Mittelpunkt. Vgl. Alois Summerer/Paul Maisberger: *Teamwork agil gestalten – Das Mitmachbuch*, Hanser Verlag, München 2018, S. 137 ff.

Und genau hier liegt auch die Brisanz des Feedbacks für ein System (s. S. 178 ff.) – weswegen es im Arbeitsalltag gerne unter den Tisch fällt. Während es meistens überhaupt kein Problem ist, in der Dispo Zeit für die organisatorischen Details und die inhaltliche Gestaltung aufzubringen, gibt es kaum Raum, um »mal grundsätzlich« zu reden. Verständlicherweise, da es sich um Gewohnheitsänderungen handelt und Systeme sich ungern verändern – zumal die Gefahr besteht, dass sich etwas und vielleicht sogar alles wandeln könnte, bzw. die Angst vor dem Ungewissen groß ist. Wir alle ahnen und kennen es aus anderen Kontexten: Wenn erst einmal ein Stein ins Rollen gebracht wurde, kann es gut sein, dass eine Lawine losbricht.

Dies hat zur Folge, dass Verbesserungen in der Zusammenarbeit, in den Abläufen etc. nicht so konsequent und nachhaltig besprochen und entwickelt werden und sich viele Fehlentwicklungen in der Zusammenarbeit über Jahre etablieren und verfestigen. Und dann passiert genau das: Wenn man an einer Stelle rüttelt, kracht plötzlich vieles zusammen.

Um daher einen nachhaltigen, kontinuierlichen Lernfluss in einer Organisation in diesen dynamischen Zeiten zu erhalten, schauen wir uns nun an, wie diese Handlungsstrategien (Prinzipien statt Pläne anwenden, Lernprozess institutionalisieren, Feedback-Schleifen aufsetzen) sich in Besprechungsformaten und Informationsflüssen konkret umsetzen lassen und eine gemeinsame Kommunikations-Architektur ergeben.

Die Besprechung

Bevor wir in einer Organisation irgendwelche Strukturen ändern oder an inhaltlichen Themen arbeiten, ist es hilfreich, die Kommunikations-Architektur mit ihren Informationskanälen zu reinigen bzw. zu prüfen und gegebenenfalls neu aufzubauen, das heißt die Infrastruktur für einen gelingenden Wandel zu etablieren. Die häufigste Aussage meiner Klient*innen zu Beginn einer Beratung, wenn wir meinen Auftrag festlegen, lautet: »Wir müssen besser kommunizieren.«

Ja, tatsächlich – reden hilft. Ich bin jedes Mal überrascht, wie oftmals lediglich der bewusst gesetzte Rahmen für ein Gespräch reicht, um Lösungen zu finden. Die Kraft ritualisierter Gesprächsräume habe ich als Beraterin und Coachin zu schätzen gelernt. Ich habe auch festgestellt, dass sich etliche Dinge in Gruppen oft viel schneller klären lassen als in Einzelgesprächen. Allerdings haben Gruppen eine eigene Dynamik, wenn man nicht aufpasst und den Rahmen nicht klar festlegt.

In den folgenden Kapiteln schauen wir uns die unterschiedlichen praktischen Hilfsmittel an, um Gruppengefäße zu gestalten. Viele dieser praktischen Absprachen helfen bereits, grundlegende Konflikte gar nicht erst aufkommen zu lassen. Wie wir sie dann noch feiner und kunstgerechter bespielen können, sehen wir im zweiten Teil.

Was bedeutet »besser kommunizieren«?

Was bedeutet Kommunikation? Die Art und Weise, *wie* etwas vermittelt wird? Oder geht es dabei eher um den *Weg*, über den etwas vermittelt wird?

In meinem Buch *Erste Hilfe für die Künstlerseele** gehe ich näher auf die Art und Weise und auf die Komplexität der bilateralen Kommunikation ein und gebe praktische Tipps, wie wir Missverständnisse in unserem gesprochenen und vermittelten Wort und Verhalten vermeiden können.

Hier soll es konkret um die Frage der Informationsflüsse von Kommunikation in einer Gruppe oder einer ganzen Organisation gehen: Wann teilen wir wem was über welchen Kanal mit?

Dabei betrachten wir zunächst die großen Informations-Umschlagplätze: *Besprechungen.* Sie sind Knotenpunkte im Kommunikationsfluss einer Gruppe oder eines Hauses, die entweder Energien blockieren, Desinformation auslösen, Zeit fressen und Frustrationen schaffen oder elegante, energiegeladene, wandlungsfördernde, herausfordernde Kraft- und Schubquellen sein können, die sich auch strukturell selbst reflektieren und ihre eigene Veränderung gestalten können. Die folgenden Ausführungen lassen sich weitgehend sowohl auf analoge als auch auf digitale Besprechungen anwenden. Auf einige Besonderheiten bei Online-Videokonferenzen gehe ich später gesondert ein (s. S. 120 ff.).

Die Besprechung zu einem lebendigen Kraftwerk machen

Besprechungen haben oft einen schlechten Ruf, meist sind sie demotivierend, weil sie wenig effizient genutzt werden, ergebnislos verlaufen, eigentliche Entscheidungsträger*innen gar nicht anwesend sind oder nur eine Person redet, sei es bei Jours fixes, Bauproben, Leitungsrunden, Regiesitzungen, technischen Meetings etc.

---

* Alexander Verlag, Berlin 2018.

Dabei bergen sie großes Potenzial. Wenn mehrere Menschen mit unterschiedlichen Perspektiven zusammenkommen, können oft erstaunlich schnell kreative, zwischenmenschliche und künstlerische Lösungen gefunden werden – wenn wir wissen, wie wir diese verschiedenen Impulse überhaupt bei den einzelnen (vor allem stilleren) Personen aktivieren und zusammenfügen.

Effizient genutzt, können Besprechungen wunderbare Kraftwerke sein, um die Kultur der Organisation zu stärken, sich zu vernetzen und Vertrauen aufzubauen.

Sich abzusprechen gehört zu den normalsten Dingen der Welt: Wir kommen zusammen und teilen Meinungen, Sachverhalte und Gefühle meist im Hinblick darauf, was wir wie tun wollen. In unserem Privatleben fallen uns Besprechungen in der Familie und unter Freund*innen gar nicht mehr auf: Wann essen wir zu Abend, wer kocht, was wird gekocht, wohin geht es in den Urlaub, wann treffen wir uns wo? …

Wir haben große Kompetenzen im Umgang mit einem natürlichen Hin und Her, mit Abwägungen, wir können uns auch mal zurücknehmen oder bei gewissen Dingen insistieren – Kompetenzen, die wir im beruflichen Alltag oft nicht abrufen können. Im hierarchischen Kontext werden diese Fähigkeiten seltener gefragt, da die Ansagen »von oben« kommen und wir im schlimmsten Fall in eine inaktive Befehlsempfänger*innen-Haltung rutschen. In Gruppen, die bewusst auf Hierarchien verzichten, fehlt meist die in einer Familie oder unter Freund*innen vorhandene Struktur – wir haben unseren »Platz«, der einen Rahmen mit sich bringt. Ohne diese Struktur aber drehen sich diese »unabhängigen« Gruppen im »Augenhöhe-Kreis«. Oft bleibt es beim »Wir-haben-darüber-geredet« und es fehlen die Taten.

Im Arbeitsalltag, wo meist eine größere Zahl an Menschen miteinander arbeiten und sich koordinieren müssen und dann noch Hierarchieebenen existieren, hilft es, gewisse Spielregeln und formale Strukturen einzuhalten, um wirksam zu kommunizieren, allen voran in Besprechungen.

Das Schaubild »Baukasten einer Besprechung« gibt einen guten Überblick über die nächsten Kapitel. Gerne können Sie es als visuelles Inhaltsverzeichnis für das weitere Lesen und als Erinnerungsstütze beim Aufsetzen einer Besprechung nutzen.

Den Sinn einer Besprechung klären

Warum findet die Besprechung überhaupt statt?

Eine Besprechung ist nur sinnvoll, wenn das Ziel bzw. der Nutzen der Besprechung klar ist. Dabei muss sie nicht nur auf spürbare Ergebnisse ausgerichtet sein. Auch einen Kaffee zwischen Tür und Angel zu trinken, ist eine Mini-Besprechung mit dem Ziel, die zwischenmenschliche Bindung zu aktivieren.

Oft finden viele Jours fixes oder – wie ich sie gerne nenne – »Container-Besprechungen« statt, in die alles gekippt wird, was so ansteht. Dies ist durchaus berechtigt und sogar in vielen Fällen sinnvoll, nur benötigt man hier eine sehr gute Moderation und Führung der Gruppe, denn sonst verrennt man sich in einem Thema und hat die wichtigsten Dinge nicht besprochen.

Zudem brauchen unterschiedliche Inhalte unterschiedlich viel Zeit, einen mehr oder weniger kreativen Rahmen und verschiedene Teilnehmende. Wenn die für die zu besprechenden Inhalte und Entscheidungen notwendigen Personen nicht anwesend sind und kein sinnvoller Ersatz teilnehmen kann, dann kann man sich die Besprechung auch sparen.

Transparenz und kluges Erwartungsmanagement

Wenn der Grund klar ist, dann lässt sich auch leichter abschätzen, um welche Art von Besprechung es sich handelt und welche In-

halte konkret besprochen werden. Außerdem lässt sich im Voraus gut abschätzen, wie viel Zeit dafür benötigt wird. Denn nichts ist nerviger für alle Beteiligten, kurze Besprechungen anzusetzen, die dann (vielleicht ja berechtigterweise) länger dauern und man kaum etwas entschieden oder erreicht hat. Wenn der »gute Grund« von Anfang an klar ist, können Besprechungen auch als ergebnisoffen angesetzt werden. Niemand kommt mit falschen Erwartungen und damit auch dem Frustpotenzial, das sich daraus ergibt.

Wider die Besprechungsflut

»Ich laufe von Jour fixe zu Jour fixe«, höre ich häufig. Aus meiner Sicht hat diese Besprechungsflut damit zu tun, dass wir meinen, alleine einen festen Zeitpunkt auszumachen, brächte schon Abhilfe. Grundsätzlich stimmt diese Annahme, nur braucht es auch eine vorbereitete Struktur, ansonsten schwimmt die Besprechung antriebslos dahin und nur mit Glück trifft man zufällig eine der gewünschten Ergebnis-Inseln.

Sinnvoll organisierte *heures* oder *demi-heures fixes* sind empfehlenswerte Instrumente, die eine Flut an E-Mails und Terminabsprachen verhindern können. Genauso wie ein fester Termin, bei dem man weiß, wozu wer da ist und was zu besprechen ist. Ebenso kann ein Termin tödliche Zeitverschwendung sein, wenn die Falschen zusammensitzen und nicht wissen wozu.

Den Grund einer Besprechung nennen

Nützlich im Sinne einer größeren Transparenz ist es auch, sich nochmals die Bezeichnung bzw. den Grund vor allem der wiederkehrenden, bereichsübergreifenden Besprechungen anzusehen und sie gegebenenfalls zu konkretisieren, zum Beispiel eine Programm-Sitzung. Meist ergeben sich dann aus einem Jour fixe, einer »Vierer-Sitzung«, der »Elefanten-Runde« etc. eine Reihe von kürzeren wöchentlichen Treffen und eine gelegentliche, etwa monatliche, längere strategischere Sitzung.

Die Besprechungen eindeutiger zu benennen, hilft einerseits die Inhalte klarer zu strukturieren und damit im Vorfeld abzusichern, dass für diese Themen wichtige Personen auch dabei sind. Andererseits ermöglicht es denjenigen Personen, die einen Beitrag zu einem Bereich haben oder Informationen benötigen, selbstständig zu den Besprechungen zu gehen bzw. um eine Teilnahme daran zu bitten.

Wenn man alternativ wirklich eine »Container-Besprechung« braucht, dann ist es auch wichtig, sie als solche anzukündigen, beispielsweise mit »Besprechung mit offener Agenda«, sie für jede Abteilung zu öffnen, im Vorfeld Themen bei den Teilnehmenden einzuholen und daraufhin eine klare Agenda (s. S. 52 ff.) aufzusetzen, aufgrund derer dann die Eingeladenen überlegen können, ob es für sie sinnvoll ist zu kommen – wenn diese Entscheidungsfreiheit überhaupt gewährt wird oder gar gewünscht ist und keine Teilnahmepflicht besteht, was im Vorhinein klar kommuniziert werden sollte.

Wer muss dabei sein?

Bei vielen Meetings bleibt die Effizienz auf der Strecke, vor allem weil die richtigen Entscheidungsträger*innen oft gar nicht anwesend sind (der häufigste Grund dafür ist übrigens, dass sie in anderen Meetings »festhängen«).

Wenn die Agenda und die Themen klar sind – Entscheidungsfindung, Ideensammlung, Expert*innenaustausch etc. –, wird meist auch deutlich, wer dabei sein soll, damit die Ziele sinnvoll erreicht werden können. In einigen zentralen strategischen Programm- und Planungssitzungen fehlen beispielsweise oft Vertretende der Technik, der Gewerke bzw. des Marketings sowie der Theatervermittlung.

Gerne steht als Argument im Raum, »wir (die Künstler*innen) wollen erst einmal unter uns Ideen entwickeln«, was durchaus in Ordnung ist. Doch aus Gründen der zum Teil jahrelangen praktischen Erfahrung, der Wertschätzung und des Zusammenhalts sollte man baldmöglichst andere Abteilungen einladen. Auch um sie im Boot zu haben und ihre wertvollen Ressourcen aktiv und zeitnah zu nutzen. Eine Zwischenlösung könnte sein, sie mit dem Auftrag einzuladen, lediglich zuzuhören und in einer Schlussrunde Feedback zu geben. Die Technik kann sich durch zügige Einbindung bereits Gedanken zur Umsetzung machen und dadurch vielleicht mehr ermöglichen, als wenn sie erst am Ende dazugeholt wird. Marketing und Vermittlung sind im Bilde, um rechtzeitig das Publikum für die Themen sensibilisieren bzw. selbst ihre Werbemittel und -aktionen entsprechend entwickeln und ein Gesamtkonzept gestalten zu können. Hektisch durchgeführte Kampagnen können so vermieden werden.

Je kollaborativer ein Betrieb oder ein Kollektiv unterwegs ist, desto mehr wird Transparenz und Informationsoffenheit ein hoher Wert sein. Das bedeutet nicht, dass alle alles wissen müssen, doch keine*r sollte das Gefühl haben, nicht etwas erfahren zu dürfen, was er benötigt oder sie tangiert.

Tipps und Anregungen zur Zweckbestimmung von Besprechungen

- Welche Jours fixes gibt es in Ihrem Kulturbetrieb? Sind der Inhalt und der Grund der Meetings konkret und klar formuliert (s. Ausführungen zur Besprechungsstruktur, S. 38 ff.)? Überdenken Sie eventuell bei der Planung die Sitzungsstruktur: Welche Besprechung soll *wann wie lange warum* und *mit wem* stattfinden?
- Können alle wichtigen Entscheidungsträger*innen anwesend sein? Wenn nicht, dann lieber eine Besprechung ausfallen lassen. Wo sind die blinden Flecken bezüglich der anderen Sparten: Gewerke, Verwaltung, Technik, Marketing? Wer sollte noch dabei sein? Bei Unsicherheit können entsprechende Personen oder Abteilungen auch vorher gefragt werden.
- Definieren Sie auch konkret für alle Abteilungen offene bzw. zwischenmenschliche Kommunikations-Sitzungen (z. B. »Klima-Gespräche«, s. S. 162) als solche.
- Machen Sie sich im Vorhinein klar: Kommunikationsgefäße, die neu etabliert werden, brauchen einige Zeit, bis sie funktionieren. Halten Sie hartnäckig von Anfang an die Form und Termine ein, erwarten Sie holprige Phasen, halten Sie am Format selbst und an den Regeln fest – zumindest zu Beginn über eine längere Zeit wie beispielsweise zwei bis drei Monate.
- Schmieden Sie keine großen Pläne, sondern suchen Sie nach kleinen überschaubaren und kontrollierbaren Veränderungsmöglichkeiten. Konzentrieren Sie sich nur auf wenige Punkte, verfolgen Sie diese aber konsequent: Ist eine Veränderung im System angekommen, hat diese meist automatisch einen Einfluss auf viele »Nebenschauplätze«.

- Oft ist es sinnvoll, die Organisation und Moderation von Besprechungen auf mehrere Schultern zu verteilen. Dies fördert die Selbstwirksamkeit der Einzelnen und zeigt auch das gegenseitige Vertrauen. So entstehen selbstverantwortliche Lernsysteme, in denen alle Kolleg*innen miteinander und aneinander wachsen. Zudem sind Besprechungen in dieser Form und auf Augenhöhe in unserem Alltag meist völlig normal – nur in einem hierarchischen Arbeitsumfeld regredieren wir zu kleinen Kindern, die auf Weisungen warten.
- Für eher kollaborativ arbeitende Teams: Pflegen Sie bewusst das Hol-Prinzip anstelle der Bring-Schuld*, zum Beispiel mit Regeln: Es werden immer alle Mitarbeitenden zu Sitzungen eingeladen. Bei regelmäßigen Sitzungen wird erwartet, dass man einen festen Prozentsatz der Zeit dabei ist (70–80 Prozent) und sich ansonsten über Protokolle informiert.
- Eine Regel könnte auch sein: Wer in den Besprechungen nicht anwesend ist, muss sich über das Protokoll (s. S. 60 f.) oder andere Personen informieren. Die Ausrede »Ich war beim letzten Mal leider nicht dabei (daher weiß ich davon nichts)« darf nur in Ausnahmefällen (etwa bei Krankheitsfällen, dringenden technischen Problemen vor Premieren) gelten. Und auch hier könnte man sich über das Protokoll im Nachgang informieren. Diese Regel sollte vorher klar kommuniziert werden.

* Beim Hol-Prinzip sind die Mitarbeitenden selbst angehalten, sich die nötigen Informationen zu besorgen. Bei der Bring-Schuld wartet man auf die Informationen (und wenn sie nicht kommen, haben die anderen Schuld).

Die Art und Geschwindigkeit einer Besprechung definieren

Um die Art und Geschwindigkeit einer Besprechung zu definieren, können wir uns zwei Fragen stellen: 1. Geht es um eine Klärung oder Fragestellung *im* System oder *am* System? 2. Werden *schnelle* oder *langsame Themen* behandelt?

Im System oder *am* System?

Bei Fragestellungen *im* System geht es um das Produzieren. Terminplanungen und Spielzeitgestaltung sind Inhalte *im* System, sie sind Teil des Theateralltags und ermöglichen das Ziel einer Vorstellung, ebenso wie der Blick auf das Publikum und wie wir es erreichen. Hier geht es um Organisations- und Entwicklungsbesprechungen.

Was uns weniger geläufig und vor allem als festes strukturelles Gefäß üblich ist, sind Reflexionsbesprechungen über die Arbeit an sich, wie wir zusammenarbeiten und was wir ändern könnten (z. B.: Welche Informationsabläufe müssen wir ändern? Welche Aspekte können wir digitalisieren? Wer sollte in welchen Verteilern sein?). Hier fragen wir nach dem System selbst und suchen Feedback zum System (des Produzierens). Wenn wir strukturelle Dinge verändern möchten, sprechen wir von Veränderungen *am* System (vgl. »Motoren des Lernens und Wandelns: Beispiele für Reflexionsformate *am* System«, S. 178 ff.).

Besprechungen *im* System und *am* System umfassen die Fragen nach dem Was und Wie.

Schnell oder langsam?

Neben der Aufteilung in Organisations-, Entwicklungs- bzw. Reflexionsgefäß ist ein weiteres Kriterium hilfreich, um Besprechungen sinnvoll anzusetzen: Brauchen die zu behandelnden Themen mehr oder weniger Zeit?

Dass die Unterscheidung in schnell zu lösende Themen und in diejenigen, die mehr Zeit benötigen, sinnvoll ist, liegt an der Art,

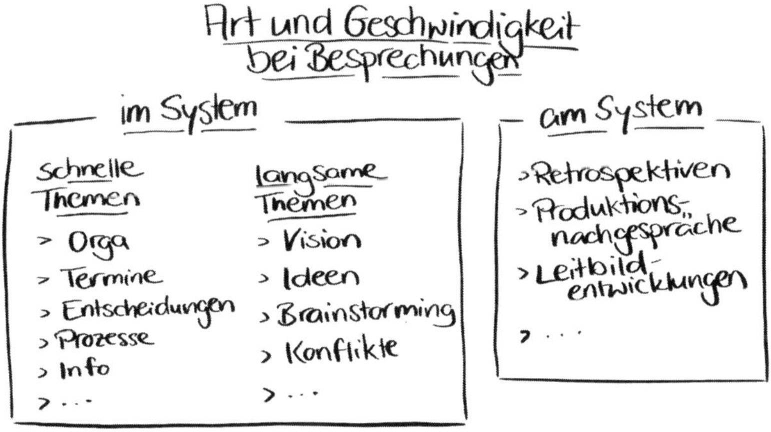

wie wir denken und wie unser Gehirn arbeitet. Der Psychologe Daniel Kahneman macht auf zwei Denkweisen aufmerksam*: das schnelle Denken, das in gewohnten Bahnen verläuft und fast automatisch ausgeführt wird. Alles, was wir als wiederkehrende, ritualisierte Handlungen und Denkweisen einprogrammiert haben, braucht hirntechnisch wenig Energie und wird belohnt damit, dass wir uns entspannt fühlen. Sobald wir aber Neues lernen müssen, benötigen wir aktive Energie, um neue neuronale Netzwerke zu knüpfen. In unserem Kopf finden dabei richtige Bauarbeiten statt: Gefühle und Gedanken werden aufgewirbelt, und der »Denklärm« kann uns erst einmal den Hirnraum vernebeln und zu Sackgassen führen. Dieser »Lernzustand« – das langsame Denken – kann, wie bei den meisten Baustellen üblich, meist länger als geplant andauern. Vor allem, wenn es sich um einen größeren »Umbau« handelt, kann das langsame Denken anstrengend und unangenehm oder gar angsteinflößend sein.

* Daniel Kahneman: *Schnelles Denken, langsames Denken*, Siedler Verlag, München 2012.

Kreative neuartige Prozesse haben meiner Erfahrung nach einen gewissen zeitlichen Ablauf, sie beginnen mit einer Hochphase, in der ich motiviert bin und mich intensiv mit einer Idee auseinandersetze, gehen dann in eine angespannte, lähmende Mittelphase über, in der ich bewusst Projekte vernachlässige, sie versanden lasse oder vor Verzweiflung einfach in die Ecke knalle, und enden dann – sofern ich dranbleibe –, meist nach einer Art Geistesblitz, bei dem sich verschiedene lose Denk-Enden miteinander verknüpfen, wieder mit einer Hochphase, in der ich mich mit vollem Einsatz, Energie, Stolz und Freude für die Sache engagiere. Mittlerweile kann ich diesen Prozess auch in Besprechungen und Moderationen beobachten, vor allem wenn es um komplexere Themen geht (s. *Groan Zone,* S. 75 ff.).

Für die kreative Phase selbst braucht man Zeit und Muße. Ich persönlich suche mir dann einen Raum, um *langsam* denken zu können. Zum Schreiben gehe ich oft in ein gemütliches Café, stelle mein Handy auf lautlos und setze mir kein Zeitlimit. Ich gebe meinen Gedanken Raum, schreibe auch einmal in eine Sackgasse hinein, versuche, neue Gedanken miteinander zu verknüpfen, gehe sorgsam einzelnen Strängen oder plötzlich aufblitzenden Erinnerungen nach in dem Vertrauen, dass es schon einen Grund haben wird, warum sie gerade in diesem Augenblick auftauchen. In einem fast meditativen Flowzustand schwebe ich in einem Denk- und Gespürmeer und versuche daraus Land zu gewinnen. Für mich gibt es kein Ziel, keinen klaren, effizienten Weg, effektiv ist lediglich die Bewegung in einem »freien Raum«. An dem einen Tag geht es besser, an dem anderen weniger – wobei »besser« im Grunde nur das subjektive Gefühl beschreibt, dass etwas vorangehen würde. Möglicherweise sind die Knautschphasen die eigentlich produktiven.

Wenn jemand in diesem Zustand von mir verlangen würde, meine Steuerquittungen zusammenzusammeln, Termine zu machen oder eine Liste mit den notwendigen Utensilien für mein

Routineablauf oder Visionsraum

nächstes Seminar zu versenden, wäre ich zum einen innerlich nicht fokussiert genug, und zum anderen würde ich mich gestört fühlen, da ich gerade mit meinen Gedanken »woanders« bin. Umgekehrt gibt es, wenn ich in meinem Produktivmodus bin, E-Mails konzentriert abarbeite, Bahnreisen buche, Quittungen sortiere, mich »organisiere«, keinen Raum für kreative Ideen, denn das Routine-Tier ist mit Dampf unterwegs.

Beide Zustände haben ihren Sinn und Zweck. Für eine produktive Sitzung ist es hilfreich, im Vorfeld zu klären, welcher Zustand für welches Thema zweckdienlich ist.

Ineffizienz und Konflikte durch Vermischung

In der Praxis erlebe ich häufig, dass in Besprechungen Themen mit unterschiedlichen Geschwindigkeiten hintereinander verhandelt werden. Wenn wir Themen in der gleichen Sitzung behandeln wollen, die unterschiedliche Denkarten erfordern, müssen wir entweder Vollbremsungen machen oder die Geschwindigkeit erhöhen, die gerade nicht mit unserem Denkzustand vereinbar ist. Oft bricht dann Chaos oder Unmut aus, weil beide Bedürfnisse nicht zu ihrem gefühlten Recht kommen.

Das Fatale an der subjektiv wahrgenommenen Überproduktion und Hektik, die in den Kunst- und Kulturbetrieben vorherrscht, ist, dass sowohl langsame als auch kreative Prozesse schnell erledigt werden sollen: »Wir machen dann mal schnell …« Dies ist weder nachhaltig, noch fördert es die Kreativität, und oftmals werden alte, ungünstige Muster immer wiederholt.

Hier könnte ein regelmäßiges Produktionsnachgespräch (s. S. 193 f. sowie S. 254 f.) helfen, in dem sich nicht nur die Künstler*innen austauschen, sondern alle Beteiligten – von Kostüm- über Technik- bis hin zur Marketing-Abteilung usw. – die Zusammenarbeit aus ihrer Sicht reflektieren und gegebenenfalls Verbesserungen vorschlagen. Dies erfordert zwar Zeit, verhindert aber auch, dass die gleichen Schleifen immer wieder gedreht werden.

Wie sich die schnelle und langsame Qualität auch in Probenprozessen und -strukturen kreativ nutzen lässt, dazu mehr im zweiten Teil (ab S. 223).

Hier nochmals eine inhaltliche Übersicht über schnelle und langsame Besprechungen *im* System und (meist) langsame Besprechungen *am* System (vgl. Grafik »Art und Geschwindigkeit bei Besprechungen«, S. 45):

Schnelle und langsame Organisations- und Entwicklungsbesprechungen *im* System

Ziel: das System selbst erhalten, die Aufgabe des Betriebs realisieren, strategische Entscheidungen inhaltlicher Art fällen
Inhalte: was wir tun – inhaltlich, strategisch und operativ

Schnelle Besprechungen
Ziel: Transparenz von Informationen und damit auch Zuverlässigkeit, Vertrauen, Identifikation und Bindung. Alle

Beteiligten sind im Info-Boot, Missverständnisse können nicht aufkommen.
Inhalte: Termine, Abläufe, Prozesse, Informationen, das operative Geschäft, z. B. Dispo-Sitzung, Bauprobe, Schichtübergaben …
Qualität der Besprechung: nüchtern, sachlich, schnell, geradlinig

Langsame Besprechungen
Ziel: Austausch, Neues kreieren, Widerstände auflösen, Konflikte bearbeiten, Wachstum in Lernzonen, Motivation, Prävention, Emotionen strukturieren und besprechbar machen
Inhalte: Visionen, Strategien, kreativer Inhalt, Konflikte, Stimmungen, Lernen, Weiterbildungen, z. B. Spielplan-Entwicklung (inkl. Technik und Gewerke), Ensemblebesprechungen, Regiesitzungen, Leitungsrunden, Konfliktgespräche
Qualität der Besprechung: emotional, vielschichtig, kreativ, langsam, mehrspurig, mit Umwegen

(Meist) langsame Reflexionsbesprechungen *am* System
Ziel: das System selbst hinterfragen und gegebenenfalls Prozesse und Strukturen ändern, Mitarbeitende zu Mitgestaltenden machen, Ist-Zustand abfragen, latente Unzufriedenheiten deutlich machen
Inhalte: die Art und Weise, wie wir zusammenarbeiten – operativ und emotional, z. B. Produktionsnachgespräch (S. 193 f.), Publikumsfeedback und Umfragen, »Klima-Gespräch« (S. 162), Teamtag, Vollversammlung, Feedback-Runden, Mitarbeiter*innen-Gespräche, Weiterbildungen, kollegiale Fallberatung, neue interne Strukturen entwickeln, die Ausrichtung der Aufgabe des Hauses ändern

Qualität der Besprechung: langsam, reflexiv, zuhörend

(Ausführliche Beschreibungen dazu finden Sie im Kapitel »Motoren des Lernens und Wandelns: Beispiele für Reflexionsformate *am* System«, ab S. 178.)

Prototyp für schnelle Meetings: Das tägliche Update – das *Daily Stand-up*

Das *Daily Stand-up* ist ein Format aus der agilen Welt. Vor allem Teams von bis zu sieben Personen, die eng zusammenarbeiten, treffen sich täglich zu einem festgelegten Zeitpunkt für maximal 15 Minuten, um sich über den aktuellen Arbeitsstand, geplante Tätigkeiten, Erkenntnisse und Schwierigkeiten auszutauschen.

Alternativ kann man sich zweimal in der Woche treffen oder Stand-ups über die Abteilungen hinweg zu bestimmten Produktionen ansetzen.

Tägliche Kurzbesprechungen (15 Minuten bei einem Kaffee) mit allen Mitgliedern einer Leitungsrunde oder Abteilung haben sich als sehr hilfreich erwiesen. Sie festigen nicht nur das Miteinander, sondern es lassen sich auf kurzem Wege viele Fragen klären, für die sonst unzählige E-Mails nötig wären.

Tipps und Anregungen zur Art und Geschwindigkeit von Besprechungen

- Unterscheiden Sie zwischen Besprechungen *im* und *am* System!
- Legen Sie großen Wert auf die genaue Definition des entsprechenden Bereichs und machen Sie dieses Meeting zu einem »heiligen Termin« (wie die Premiere oder das Konzeptionsgespräch). In der Regel schlafen diese Besprechun-

gen schnell wieder ein oder existieren erst gar nicht, deshalb sollten Sie sie unbedingt einfordern.

- Behandeln Sie schnelle Themen (Terminverschiebungen, Infoweitergabe …) und langsame (Spielplan-Entwicklung, Ideengenerierung, Besetzungen, Klärung von Konflikten …) getrennt voneinander, idealerweise in unterschiedlichen Besprechungen oder mit einer kleinen Pausenunterbrechung und dem Hinweis »Als Nächstes – nach einer kleinen Pause – werden wir uns Zeit nehmen für folgende Themen …«, damit das Gehirn »umschalten« kann.
- Schnelle Besprechungen lassen sich leichter im Stehen abhalten. Oft finden wir diese Art der Besprechung in der morgendlichen Technikrunde auf der Bühne oder bei Schichtübergaben. Inspiriert davon lassen sich ähnliche Stand-up-Formate auch in anderen Bereichen umsetzen (s. *Daily Stand-up*).
- Bei langsamen Themen, die kreative Entwicklungen erfordern, hilft es, gezielt mit kleineren Einheiten und vielen

Pausen zu arbeiten bzw. das »Drüber-Schlafen« zu nutzen oder eine größere Pause (Mittagspause) einzuplanen. Falls passend, kann eine gemeinsam verbrachte Stille-Zeit, wie eine gemeinsame Meditation, eine starke Kraft entfalten (s. auch »Schweigen und Pausen«, S. 109 f. sowie »Pausen bei Großgruppenveranstaltungen«, S. 213).

- Langsame Themen sollten wir auch geflissentlich langsam behandeln und nicht künstlich beschleunigen wollen. Alles ist ein System: Wenn wir etwas mehr Zeit für einen wesentlichen Faktor benötigen, können wir davon ausgehen, dass sich im Anschluss auch viele andere Aspekte klären.
- Wenn in schnellen Besprechungen Emotionen auftauchen oder sich ein komplexes Thema anbahnt, setzen Sie entweder einen neuen Termin an (z. B. für »Klima-Gespräche«, S. 162) oder, wenn es zeitlich und emotional möglich ist, gehen Sie zu einem »langsamen Meeting« über.

Die Agenda

Eines der wichtigsten strukturierenden Instrumente, die es bei Besprechungen gibt, ist die *Agenda*. »Agenda« bedeutet im Lateinischen wörtlich »das zu Treibende oder zu Tuende«, also das, was getan werden muss, im Grunde die To-dos, der Fahrplan. Eine Agenda macht nicht nur eine Besprechung übersichtlicher und effizienter, sondern sorgt auch für eine bessere Vorbereitung aller Beteiligten, sie ermöglicht den inneren Freiraum, sich mit den einzelnen Themen intensiv zu beschäftigen, ohne dabei das Gefühl zu haben, irgendwann den Überblick zu verlieren. Wie in allen Kreativprozessen ermöglicht eine eingehaltene äußere Struktur erst die innere Freiheit, gelöst »fliegen« zu können.

»So hoch müssen wir die Besprechung nicht hängen«, war eines der Gegenargumente, als ich in einem Coaching über die Bedeutung von Agenden gesprochen habe. Es geht nicht darum, minutiös alle Punkte im Vorfeld in aller Tiefe aufzulisten, sondern sich vor einer Besprechung die Themen und Ziele klarzumachen sowie den roten Faden genau im Blick zu behalten. Die Person, die das kritisch kommentierte, beklagte sich vorher über die mangelnde Struktur von Informationen und dass der Informationsfluss nicht funktionieren würde.

Die Agenda ist ein erster Kanal, der verstopfte und verworrene Informationssümpfe wieder in Fluss bringen kann. Sie ist sozusagen eine Art Drainage, die Schlacke von Wasser trennt (s. »Checkliste Besprechung«, S. 70).

Agenda bei Sonderbesprechungen

Bei speziell angesetzten Besprechungen zu bestimmten Fragestellungen oder zur Klärung diverser Angelegenheiten ist es hilfreich, im Vorfeld eine Agenda mit allen Tagesordnungspunkten und Fragestellungen zu erstellen und an alle Beteiligten zu senden. Auch sollten gewisse Ablauf- und Kommunikationsregeln oder Absprachen gleich mitaufgeführt werden, um jede*n darauf vorzubereiten. Das ist besonders wichtig bei Gruppen, die extra für dieses Meeting zusammenkommen und sonst nicht in dieser Form aufeinandertreffen.

Änderungen in der Agenda

Zu Beginn jeder Besprechung ist es nützlich, sich gemeinsam nochmals die Agenda vorzunehmen und zu schauen, ob sie vollständig ist. Gegebenenfalls können an dieser Stelle noch Themen ergänzt und einsortiert werden.

Die Agenda soll während des Meetings ein Leitfaden, eine Orientierung und Unterstützung sein. Sie sollte sich nicht in ein starres Korsett wandeln. Im Laufe eines Gruppenprozesses können jederzeit drängende Fragen auftauchen. Ganz im Sinne der »Störungen haben Vorrang!«-Regel* kann auch die Agenda verändert oder gar völlig umgeworfen werden.

Entscheidend ist hierbei nur, dass die Gruppe (oder die Führungskraft) dies mitträgt und für die eigentlich geplanten Themen ein weiterer Termin vereinbart wird. Möglich ist es auch, eine Arbeitsgruppe für die ansonsten verwaisten Themen zu bilden. Wenn dies nicht organisiert wird, bleibt bei denjenigen, denen diese Themen wichtig waren, ein schaler Beigeschmack oder das Gefühl, nicht mit ihren Bedürfnissen gewertschätzt zu werden.

**Tipps und Anregungen
für das Erstellen und Umsetzen einer Agenda**

- Auch hier gilt: Trennen Sie langsame und schnelle Themen und legen Sie ein genaues und realistisches Zeitfenster für alle Tagesordnungspunkte fest. Eine zu früh beendete Besprechung ist allemal angenehmer als ein überlanges Meeting.
- Sollten gewisse Themen während des Meetings einen größeren Raum einnehmen, setzen Sie einen neuen Termin an.
- Können Themen nicht weitergeführt werden, weil wichtige Personen zum Beispiel zur Entscheidungsfindung fehlen, brechen Sie die Diskussion ab und vereinbaren Sie ein neues Treffen. Alles andere ist Zeitverschwendung.

---

* »Das Postulat, daß Störungen und leidenschaftliche Gefühle den Vorrang haben, bedeutet, daß wir die Wirklichkeit des Menschen anerkennen; und diese enthält die Tatsache, daß unsere lebendigen, gefühlsbewegten Körper und Seelen Träger unserer Gedanken und Handlungen sind.« Ruth C. Cohn: *Von der Psychoanalyse zur themenzentrierten Interaktion. Von der Behandlung einzelner zu einer Pädagogik für alle,* Klett-Cotta Verlag, Stuttgart 1975, S. 122.

- Wenn Sie ein Thema einreichen, sollten Sie kurz beschreiben, wie damit umgegangen werden soll: Handelt es sich um eine Information? Möchten Sie Feedback? Soll eine Entscheidung gefällt werden? Brauchen Sie Ideen? etc.
- Bei regelmäßig stattfindenden Besprechungen (z. B. Jours fixes) gibt es erfahrungsgemäß gleichbleibende Tagesordnungspunkte in einer Agenda, beispielsweise die Frage nach dem aktuellen Stand der jeweiligen Projekte.

Die Rollen: Moderator*in, Protokollant*in, Achtgeber*in, Zeitnehmer*in

Die wohl wichtigste Rolle in einer Besprechung ist die Moderation. Der Begriff kommt vom lateinischen »moderare« und meint »steuern, lenken, mäßigen«; »moderatio« bedeutet »maßhalten, zügeln«. Bernd Oesterreich und Claudia Schröder beschreiben in ihrem umfangreichen Werk *Das kollegial geführte Unternehmen* Moderation als »die bewusste und ergebnisoffene Strukturierung von Arbeitstreffen und anderen Gesprächssituationen, um diese effizient und effektiv zu gestalten«.*

Damit ist bereits deutlich umrissen, welche Ziele und Aufgaben in der Moderation liegen, nämlich verschiedenen Standpunkten Raum zu geben und je nach Ziel gemeinsam in der Gruppe zu einer Entscheidung zu gelangen oder einen gleichberechtigten Austausch zu ermöglichen. Während die Inhalte und Ergebnisse von der Gruppe kommen, hat der oder die Moderator*in die Aufgabe:

* Bernd Oestereich/Claudia Schröder: *Das kollegial geführte Unternehmen. Ideen und Praktiken für die agile Organisation von morgen*, Vahlen Verlag, München 2016, S. 248.

- eine Struktur anzubieten (Zeit- und Prozessstruktur [Agenda])
- den Prozess zu kontrollieren (Fragen stellen, zu Redebeiträgen ermutigen)
- für das Einhalten der gemeinsam definierten Gruppenregeln zu sorgen und damit auch den emotionalen »Raum« zu halten
- Inhalte zu sammeln und zu strukturieren
- Entscheidungsprozesse zu lenken
- Ergebnisse zu visualisieren und zu dokumentieren

Moderation ist Ausdruck systemischen Denkens und einer neuen Zeit

In Zeiten des Wertewandels und vor allem in einem Umfeld, das vermehrt auf Teamarbeit und den Austausch auf Augenhöhe Wert legt, ist Moderation eine der Grundkompetenzen, die zunehmend bedeutsam wird. Wer kollaborativ und auf Augenhöhe arbeiten will, kommt um eine gute Moderationsfähigkeit nicht herum. Sie ist ein wesentlicher Ausdruck systemischen Denkens. Die sich begegnenden Stimmen und Perspektiven werden gleichgewichtig gehört, in dem Bewusstsein, dass sie alle aufeinander wirken und gleichermaßen Teil des Ganzen sind.

Moderation ist *das* Zeichen eines Menschenbildes, das sich für die verschiedenen Menschen interessiert, sich ihrer Perspektiven wertschätzend annimmt, einen Austausch sucht und nicht nur *eine* Sichtweise als die Wahrheit anerkennt. Sie ermöglicht kreative, offene, geschützte und strukturierende Räume und fördert das Lernen auf Augenhöhe durch Perspektivwechsel.

Gerade für Kunstschaffende lohnt sich die Aneignung dieser Kompetenz, da sie sich gut in Probenprozessen anwenden lässt.

(Zu den Prinzipien und zum Handwerk der Moderation s. Kapitel »Grundprinzipien für erfolgreiche Gruppenarbeit«, ab S. 71; »Der Moderationszyklus«, ab S. 86; »Entscheidungen treffen«, S. 117 sowie »Gruppendynamiken und der Umgang mit Emotionen«, ab S. 143.)

Gesprächsführung, Mediation, Präsentation und neutrale Moderation

In der Praxis werden die Begriffe Moderation, Gesprächsführung, Präsentation und Mediation oft vermischt und damit verlieren auch die Rollen an Klarheit. Dies kann zu Verwirrung und Konflikten in der Gruppe führen.

Bei der Gesprächsführung geht es um meine eigenen Ziele und Wünsche, die ich in dem Gespräch durchsetzen möchte, idealerweise ohne dabei die andere Person vor den Kopf zu stoßen. Ich habe eine klare innere Agenda, die mir wichtig ist und mit der ich ein konkretes Ziel verfolge.

Bei der Präsentation geht es auch darum, dass ich etwas vorstelle, darstelle, zeige – zum Beispiel eine Einführung vor einer Vorstellung, einen Vortrag zu einem Thema, eine Zusammenfassung eines Ensemblegesprächs. In diesem Fall liegt der Fokus vollkommen auf meiner Person und meiner Darstellung. Meist sind an die Präsentation auch Themen wie Umgang mit Lampenfieber, rhetorische Fähigkeiten, Entwicklung dramaturgischer Spannungsbögen, Körpersprache und stimmliche Fähigkeiten gekoppelt.

Bei der Mediation geht es um eine Konfliktlösung zwischen zwei oder mehr stark verhakelten Parteien. Es ist ein strukturiertes Vorgehen, bei dem eine neutrale externe Person die Parteien dabei unterstützt, zu einer einvernehmlichen Lösung des Konflikts zu gelangen, zum Beispiel im gemeinsamen Arbeitsumfeld.

Die Moderation hebt sich von allen insofern ab, als dass sie eine neutrale Position einnimmt und den Prozess lenkt – ohne dabei ein inhaltliches Ziel zu verfolgen.

Es ist äußerst nützlich, sich selbst bewusst zu machen, in welcher Rolle man gerade unterwegs ist. Wenn ich einer Gruppe gegenüber als Moderator*in beginne und plötzlich in eine Gesprächsführung übergehe und meine eigenen Ziele verfolge, kann es leicht passieren, dass die anderen im Raum irritiert sind oder sich, im schlimmsten Fall, manipuliert fühlen. Sollte ich einen eigenen Standpunkt vertreten wollen, dann mache ich es transparent: »Ich steige jetzt aus meiner Moderationsrolle aus.« Danach kann man miteinander entscheiden, ob die Moderation ausgetauscht werden sollte oder ob die Gruppe mit dem Wissen weiterarbeiten kann.

Die beste Variante ist sicher, die Moderationsrolle an dieser Stelle an eine andere Person abzugeben, die keine eigenen Sichtweisen zu diesem Themenkomplex vorzubringen hat. Oder man kann die Punkte, die einem wichtig sind, im Vorfeld jemandem mitteilen, der sie dann vertritt.

Bei den meisten Angelegenheiten lassen sich beide Rollen (Moderation und Teammitglied) gut miteinander vereinen, bei komplexen und vielleicht auch emotional aufgeladenen Themen ist es sinnvoll, eine externe Person einzuladen. Dies kann eine professionelle Moderatorin sein oder ein Kollege aus einer anderen Abteilung.

Moderation als Lernprozess in der Gruppe – reihum üben

Eine Besprechung zu moderieren ist eine komplexe und verantwortungsvolle Aufgabe, die etwas Übung erfordert. In bestehenden Gruppen kann man ausprobieren, die Moderationsfunktion reihum weiterzureichen, was sich meist positiv auf die Gruppendynamik auswirkt. Wenn alle im Wechsel üben, kann man gemeinsam ein gutes Klima des öffentlichen Sprechens einüben, nicht im Sinne eines Wettkampfes, sondern im Sinne einer authentischen Neugier für die Perspektiven der anderen.

Der große Vorteil einer wechselnden Moderation besteht darin, dass alle mindestens einmal die Erfahrung machen, wie herausfordernd diese Aufgabe ist. Somit wächst der Respekt vor der Moderationsleistung.

Die moderierende Person kann am Ende auch um Feedback bitten. Dafür schlage ich das *Eins-zu-Eins-Feedback* vor, das heißt die*der Moderator*in bittet eine oder zwei Personen aus der Gruppe, ihr*ihm entweder vor den anderen oder im Anschluss Feedback zu geben. Auch hier sollte man sowohl die Feedback-Regeln (s. S. 181 f.) als auch folgendes Prinzip einhalten: Positives kann so viel wie möglich gesagt werden (dies hilft Ressourcen aufzubauen und motiviert). Maximal nur zwei Aspekte aufzeigen, die geändert werden könnten (zu viele Kritikpunkte überfordern und können nicht verarbeitet werden). (S. »Feedback-Dreiklang«, S. 182 ff.; »Von ausgewählten Kolleg*innen Feedback erhalten«, S. 180.)

In der Moderationsrolle mit eigenem Lampenfieber umgehen

Erfahrungsgemäß hilft es, wenn ich mich in der Moderationsrolle bewusst in der Haltung übe, den verschiedenen Perspektiven zu einer Stimme zu verhelfen. Mit diesem Fokus auf das Wohl der anderen nimmt auch die Angst vor dem eigenen Scheitern ab – und damit auch das Lampenfieber. Wenn zudem ein Klima des Lernens und gegenseitigen Übens gezielt unterstützt wird, kann man sich nicht »blamieren« – eine Angst, die das Lampenfieber füttert.

Dies ist auch die Grundlage einer Lernkultur, in der wir offen Ängste und Herausforderungen, die wir bei uns wahrnehmen, ansprechen können.

Weitere Rollen in einer Besprechung

Die folgenden Rollen könnten auch in Personalunion mit der Moderation stattfinden. Es hat sich in der Praxis gezeigt, dass es der Eigenverantwortlichkeit der Gruppe hilft, wenn verschiedene Rollen auf unterschiedlichen Schultern ruhen, in dem Wissen, dass alle mithelfen, die Sitzung erfolgreich durchzuführen. Zudem kann sich die Moderation auf die Redebeiträge konzentrieren.

→ *Protokollant*in*

Es empfiehlt sich bei jeder Sitzung eine protokollierende Person zu bestimmen, die Themen, Vorschläge und Vorgänge dokumentiert und Erkenntnisse anhand von Notizen festhält. Oft reicht auch ein Ergebnisprotokoll: Worauf wurde sich letztlich geeinigt?

Protokolle werden üblicherweise im Anschluss an die Sitzung geschrieben, was zusätzlichen Zeitaufwand bedeutet. Die festgehaltenen Themen und Ergebnisse müssen ausformuliert und herumgeschickt werden, Reaktionen – Widersprüche oder Ergänzungen – bedeuten weitere Arbeit.

Ratsam ist es, das Protokoll gleich während der Sitzung zu verabschieden. Die protokollierende Person kann zum Beispiel nach der Bearbeitung jedes Agenda-Punktes kurz um Aufmerksamkeit bitten und der Gruppe vortragen, was sie als Ergebnis festgehalten hat. Die Gruppe kann sofort ergänzen oder zustimmen. Idealerweise tippt die oder der Protokollant*in entweder gleich im Rechner mit (per Beamer wird das Dokument für alle Teilnehmenden sichtbar), bzw. sie oder er schreibt auf einer Flipchart mit, die im Anschluss fotografiert wird. Das Foto kann man dann herumschicken oder man legt es in einen digitalen Ordner, auf den alle Zugriff haben.

Noch sinnvoller bei Besprechungen konkreter Aufgaben und Arbeitsaufträge ist das »lebendige« bzw. »fortlaufende« Protokoll, bei dem eine Wand (s. auch Kanban-Board, S. 167 f.) oder ein digitales Format fortwährend bearbeitet und weitergeführt wird. Dafür kann man eine Excel-Liste anlegen, bei der alle To-dos nacheinander abgearbeitet werden. Vorteil bei Excel ist, dass auch die Filterfunktion genutzt und beispielsweise nach Daten sortiert werden kann.

In der Grafik finden Sie einige Ideen, was ein fortlaufendes Protokoll umfassen kann.

Aufgabe	Was ist zu tun?
Wer?	Wer kümmert sich maßgeblich um die Erledigung?
Bis wann beginnen?	Bis wann muss diese Aufgabe spätestens begonnen werden (Festlegen eines Fälligkeitsdatums), um rechtzeitig damit fertig werden zu können.
Bis wann erledigt?	Bis wann sollte sie erledigt sein? (Abgabedatum/Deadline)
Status (offen, erledigt)	Ist die Aufgabe noch offen oder schon erledigt?
Woher/Von wem kommt die Aufgabe?	Referenz zum Kontext der Aufgabe oder der Person (z. B. Ansage des*der Bühnenbildner*in)
Kommentare	Festhalten, was z. B. bei der regelmäßigen Besprechung wichtig war, das neue Fälligkeitsdatum oder der Bearbeitungsstand mit Datum

Vorlage für ein fortlaufendes Protokoll

TIPP: Legen Sie neben dem Ergebnisprotokoll eine separate Liste an, in die Sie jeweils die aktuellen Entscheidungen eintragen, sonst muss man sämtliche Protokolle nach den Entscheidungen oder Abmachungen durchscannen, wenn man auf dem Laufenden sein möchte.

→ *Achtgeber*in*

Die*der Achtgeber*in beobachtet das Klima in der Gruppe. Sobald sie*er »Störungen« (z. B. Unruhe, Trägheit) wahrnimmt, fordert sie*er eine Pause ein oder öffnet den Raum zur Klärung. Diese Rolle achtet auf ein respektvolles Miteinander, bittet um Verlangsamung bei hitzigen Diskussionen bzw. um Pausen oder lädt bei Bedarf zu einem Gespräch über das Gespräch ein (sogenannte »Meta-Kommunikation«): »Was passiert gerade hier im Raum? Worum geht es eigentlich? Wollen wir wirklich in diesem Ton miteinander sprechen? Wie kommen wir wieder zum eigentlichen Thema zurück?«

Sicherlich ist dies auch eine Aufgabe der Moderation. Je nach Thema oder aufgeladener Stimmung kann diese Rolle eine Unterstützung sein, damit die Moderation nicht auf allen Ebenen gleichzeitig achtsam sein muss. Selbst als erfahrene Moderatorin bekomme ich nicht immer alle Energiewechsel mit, manchmal bin ich mit meiner Aufmerksamkeit bei der Reihenfolge der Redebeiträge und andere Aspekte fallen weg. Alternativ kann man diese Rolle natürlich auch auf die ganze Gruppe ausdehnen, indem ich zum Beispiel als Moderatorin zu Beginn bewusst dazu einlade, mir Bescheid zu geben, wenn etwas zu beachten ist oder ich Fehler mache.

Wenn man sich für diese Rolle entscheidet, sollte man sich einen klaren Auftrag von der Gruppe abholen sowie Hilfsmittel definieren, um eingreifen zu können. So kann sich die Gruppe auf ein Wort, ein Signal (ein akustisches Zeichen oder ein bestimmtes Handzeichen o. Ä.) einigen, dass ein kurzes Innehalten (eine kurze Pause oder einen Moment des Schweigens) impliziert. Ein kurzes Durchatmen und ein Moment der Ruhe eröffnen wieder neue Handlungsmöglichkeiten und erlauben denjenigen, die im Stressmodus sind, den Weg zurück in den konstruktiven Austausch.

→ *Zeitnehmer*in*

Ob diese Rolle sinnvoll ist oder nicht, hängt von der Zielsetzung der Besprechung ab. Wenn es eine schnelle Besprechung ist, in der sehr viele Dinge abgearbeitet werden müssen, könnte es wichtig sein, die Zeit im Auge zu behalten, beispielsweise werden pro Thema nur zehn Minuten angesetzt oder Redebeiträge auf zwei Minuten pro Person beschränkt. Zeitnehmer*innen drücken auf einen Timer oder schauen auf die Uhr und leiten mit einem Signal oder Handzeichen den nächsten Abschnitt ein.

Die*der Moderator*in kann sich in aller Ruhe auf die Steuerung der Themen und Redebeiträge konzentrieren. Wenn einzelne Themen den zeitlichen Rahmen sprengen, sollte ein neuer Termin verabredet werden oder sie sollten am Ende der Agenda noch einmal angesprochen werden.

Nachdem ein Orchester in seinen internen Versammlungen die Zeitbegrenzung verbunden mit dem Im-Kreis-Sprechen ohne Diskussion eingeführt hat, kam die Rückmeldung, dass die Musiker*innen jetzt wesentlich lieber zu den Treffen kämen, da diese nun informativer, effizienter und ruhiger verlaufen würden.

Tipps und Anregungen für Rollen

- Machen Sie in Ihrer Organisation die Kunst des Moderierens zu einem wichtigen Lernfeld für alle. Es fördert Eigenverantwortung, das Sprechen vor Gruppen und einen bewussteren Umgang mit Gruppen. Ermutigen Sie insbesondere zurückhaltende Teammitglieder dazu. Allerdings sollten Sie niemanden dazu zwingen. Wenn sich mit der Zeit eine vertrauensvolle Moderationskultur entwickelt hat, melden sich vielleicht auch irgendwann die etwas Stilleren. Sprechen Sie immer wieder *alle* Teammitglieder an.
- Überlegen Sie für die Sitzungen, welche Rollen Sie benötigen.
- Schreiben Sie das Protokoll unbedingt während der Sitzung, um Zeit zu sparen.
- Achten Sie darauf, ob Sie in der Moderationsrolle wirklich neutral sein können oder ob ein innerer Konflikt Sie gerade blockiert oder beschäftigt. Der Konflikt muss Sie nicht

vom Moderieren abhalten, teilen Sie jedoch der Gruppe mit, was Sie beschäftigt.

- Sie können auch Ihr eigenes Lampenfieber thematisieren, vor allem wenn es sich um ein Arbeitstreffen handelt. Wenn wir ganz offen mit unseren Hemmnissen umgehen, werden wir erstaunliche Unterstützung erfahren. Sie machen Ihren eigenen Lernprozess transparent, was für andere inspirierend sein kann.

Raum und Material

Wenn wir zu Hause Gäste empfangen, legen wir Wert darauf, den Raum gemütlich, einladend und ordentlich herzurichten. Dies sollte auch für Besprechungen gelten – besonders, wenn sie heikle Themen beinhalten. Räume haben großen Einfluss auf unser Wohlbefinden, ihre Gestaltung können Konzentration und Kreativität fördern und die Arbeit stressfreier machen.

Künstler*innen- und Büroeingänge sowie die Flure hinter der Bühne unterscheiden sich in der Regel radikal vom Foyer bzw. von den anderen Publikumsbereichen. Meist sind sie eng, vollgerümpelt, schlecht beleuchtet und wenig ansprechend gestaltet. Diese Gänge – von der Pforte bis zum Probenraum oder Büro – werden aber täglich zigmal benutzt: Menschen laufen hindurch, begegnen sich hier, halten ein Schwätzchen oder treffen Absprachen. Absurderweise stehen das schön gestaltete Foyer und die Zuschauerräume die meiste Zeit des Tages leer, während die Flure hinter der Bühne und die Arbeitsräume jeden Tag über viele Stunden belebt sind. Warum wird den Belegschaftsräumen in einem Kunstbetrieb, der viel Geld für aufwendige Bühnenbilder und die Ausstattung in die Hand nimmt, so wenig Bedeutung eingeräumt?

Der Umgang mit den Räumlichkeiten sagt aus meiner Sicht viel darüber aus, wie wertschätzend der gemeinsame Raum gepflegt und wie viel Mühe darauf verwendet wird, eine angenehme räumliche Arbeitsatmosphäre zu schaffen.

Ähnliches gilt auch für die Räume einer Besprechung. Einen Raum ansprechend vorzubereiten – das heißt Ordnung zu schafffen, Stühle zu stellen, bei Bedarf auch für Getränke zu sorgen –, ist eine Geste, die auch Einfluss auf die Gesprächsstimmung hat. Die Raumgestaltung kann Halt und Sicherheit bieten bzw. für eine inspirierende Atmosphäre sorgen, besonders wenn emotionale oder kreative Themen verhandelt werden. Im besten Fall gibt es ein fest etabliertes Besprechungszimmer (s. auch »Kraftort für das Gemeinsame«, S. 67 ff.) mit einem Tisch und ausreichend Sitzmöglichkeiten sowie einem Materialschrank

Stuhlkreis und Kleingruppen

Oftmals erfordern Besprechungen unterschiedliche Raumaufteilungen. Wenn es darum geht, dass viel mitgeschrieben werden muss, Papiere verglichen, Modelle aufgebaut werden müssen oder Ähnliches gezeigt werden muss, ist es zweckmäßig, sich um einen großen Tisch zu versammeln. Ein Tisch kann aber auch ein Hindernis sein, wenn es um einen offenen Austausch geht. Gerade in Besprechungen, bei denen auch gedanklich Bewegung stattfindet, emotionale Themen besprochen werden oder ein Dialog entstehen soll, ist eine flexible Raumgestaltung anzuraten, die eine Bewegung der Menschen zulässt und auch eine räumliche Offenheit, zum Beispiel eine freie Mitte, zeigt.

Gerne nutze ich bei der Arbeit mit Gruppen den Kreis oder Halbkreis, wenn ich eine Flipchart oder eine Pinnwand zur Visualisierung verwende. Alle Anwesenden können aufstehen, nach vorne kommen und an der Pinnwand arbeiten. Wir können die Mitte als Ablagefläche nutzen oder uns leicht in kleineren Gruppenformaten zusammentun, um interaktiv zu arbeiten. Der Kreis symbolisiert auch Augenhöhe und lädt dazu ein, gegebenenfalls hierarchische Hemmnisse zumindest optisch aufzuheben.

Kleingruppen sind sinnvoll, wenn einzelne Themen bearbeitet werden sollen. Ich nutze je nach Ziel gerne zwei Formate:

- *Alle Gruppen arbeiten an den gleichen Themen*, um im Anschluss die verschiedenen Perspektiven zu vergleichen und zu neuen Gedanken zu kommen.
- *Die einzelnen Gruppen arbeiten an unterschiedlichen Themen*, um Zeit zu sparen und eine gute Grundlage für weitere Entwicklungen zu haben. Fehlende Perspektiven können im Plenum hinzugefügt werden.

Moderationsmittel im Materialschrank

Ein wesentliches Element bei der Moderation ist das *Visualisieren*: das Aufschreiben oder grafische Gestalten vor den Augen aller. Entscheidend ist nicht, dass alle etwas in ihre jeweiligen Notizbücher geschrieben haben, sondern dass sie sich miteinander auf etwas einigen oder über etwas diskutieren, das für alle sichtbar gemacht wird. Hilfreiche Moderationsmittel, um Gedanken einer Gruppe sichtbar werden zu lassen, sind folgende Materialen, die im Vorfeld eines Meetings vorbereitet werden sollten:

- Flipchart mit Papier oder Whiteboard
- Pinnwände mit entsprechenden Karten
- Moderationskarten (alternativ: gedrittelte DIN-A4-Seiten)
- Klebezettel
- Filzmarker (gerne auch mit Keilspitze, was die Schrift leichter lesbar macht)
- Wachsmalstifte (zum bunten Schraffieren der Flächen oder zur farblichen Untermalung)

Für Online-Besprechungen eignen sich digitale Whiteboards und Tools wie Miro, Mural, Padlet oder Conceptboard. Sie dienen als Flipchart, Kollaborationsspielwiesen, als Bibliothek oder einfach als Mindmap (s. S. 108) oder Priorisierungsinstrument.

In einem Besprechungszimmer – oder wo auch immer die meisten Besprechungen stattfinden – bietet es sich an, einen Materialschrank mit einer Grundausstattung zu pflegen. Damit wäre auch die Vorbereitung weniger aufwendig und es müsste nicht vorher alles Mögliche aus den anderen Büros zusammengesucht werden. Gewerke könnten gegebenenfalls verwertbaren Kreativ»abfall« beisteuern: Stoffreste und Holzblöcke aus der Schneiderei, kleinere Bühnenbildelemente, die sich stellen, stecken oder bauen lassen, alte Zeitschriften und Sonstiges könnten im Materialschrank gesammelt werden und in Phasen der Ideensuche als Hilfsmaterial verwendet werden.

Auch ein Beamer kann nützlich sein, wenn man Folien, Filme etc. zeigen möchte. Besonders hilfreich ist er, wenn man gleichzeitig auf viele Dokumente zugreifen möchte, die es zu bearbeiten gilt. Anstatt sie auszudrucken oder eine protokollführende Person (s. »Protokollant*in«, S. 60) damit zu beauftragen, alle Korrekturen nachträglich zu übertragen, könnte man direkt und vor allen Anwesenden Texte bearbeiten und gleichzeitig absegnen lassen. Dies spart im Anschluss sehr viel Abstimmungszeit. Die Arbeitsweise mit dem geteilten Bildschirm hat sich in den letzten Jahren während des Corona-Lockdowns in digitalen Videokonferenzen und Internet-Meetings (s. »Besonderheit: Online-Treffen«, S. 120 ff.) etabliert. Nun müssen wir dies lediglich wieder in den analogen Raum zurückübertragen.

Kraftort für das Gemeinsame

Räume der Begegnung gibt es im Theater viele, zum Beispiel das Foyer, den Zuschauerraum, die Bühne, die Kantine. Sie alle sind entsprechend ausgestattet und zweckmäßig gestaltet. Selten wird für den reinen Austausch, die Besprechungen, ein Raum festgelegt bzw. angemessen gestaltet. Wenn ich Seminare, Workshops oder Besprechungen in Theatern leite, erlebe ich die interessantesten Räume: kleinere oder größere Probebühnen mit Probenutensilien, Yoga-/Gesangszimmer, Intendanz-Besprechungsräume, Tanzsäle, Nebenräume mit gestapelten Stühlen, Foyers oder zugige Hallen, in denen Bühnenbildteile aus akustischen Gründen quer stehen. Offizielle Besprechungszimmer sind ziemlich nüchterne, eher auf einen kognitiven Austausch ausgerichtete Orte, die von vielen als Mehrzweckräume wahrgenommen und in denen etliche Dinge abgestellt werden. Wenn ich danach frage, wo beispielsweise Pläne und Bekanntmachungen für Teams und Ensembles aufgehängt oder abgelegt sind, dann heißt es oft, es gäbe keinen zentralen Platz oder kein geeignetes Kommunikationstool dafür, maximal ein schwarzes Brett oder einen Infokasten, der meist wenig ansprechend gestaltet ist. Aushänge sind eher in einzelnen Büros oder Abteilungen verteilt. Oftmals müssen unsere Meetings auch kurzfristig aufgrund von Belegungen in andere Räumlichkeiten verlegt werden. Die verantwortlichen Organisator*innen schleppen meist Wasserflaschen mit, Flipcharts sind häufig Glücksfälle, wenn sie denn noch ganz intakt sind, und alles hat die Qualität des Improvisierten.

Meine Beobachtungen machen mir die Relevanz, die der Besprechung oder einem Ort des Austauschs entgegengebracht wird, deutlich. Und welchen Stellenwert die Achtsamkeit des Miteinanders hat. Oft fehlt das räumliche Herz für die regelmäßige Anbindung aller Mitarbeitenden an das große Gemeinsame, ein Kraftort, an dem sich alle aufgrund einer großen gemeinsamen Vision zusammenfinden, dem ein gewisses Verhalten und eine Würde zugesprochen wird und in dem wir daran erinnert werden, wie wir sein und uns ausrichten wollen. Ein Versammlungsort, an dem sich eine Gemeinschaft auf den Sinn und die Form ihres Tuns besinnt. In vielerlei Hinsicht stellen Bühne, Foyer und Zuschauerraum solche Orte der Gemeinschaft und Begegnung dar, allerdings sind sie nur für das Publikum und nicht für die Mitarbeitenden gedacht, außer zum Beispiel bei Vollversammlungen oder zum Spielzeitauftakt.

Orte von Arbeitsbesprechungen zu gestalten und ihnen eine emotionale Dimension zu ermöglichen, kann Menschen zusammenführen. Ein Vorschlag könnte deshalb sein, sich an eine*n architektonisch begabte*n Bühnenbildner*in zu wenden und Ideen zu sammeln, wie ein zentraler Ort der Begegnung für das Team oder das Haus geschaffen werden könnte.

Tipps und Anregungen zur Gestaltung von Räumlichkeiten

- Gestalten Sie die Räume je nach Thema der Besprechung: Tische eignen sich eher bei Arbeitsbesprechungen, bei denen Dokumente, Entwürfe oder anderes Anschauungsmaterial gezeigt werden; bei Meetings, bei denen der emotionale und kreative offene Austausch im Fokus steht, bieten sich (Halb-)Kreise und eine offene Mitte an.
- Planen Sie einen jährlichen Betriebstag ein, an dem Flure und Arbeitsräume gemeinsam aufgeräumt, ausgemistet und gestaltet werden. Beziehen Sie alle Abteilungen mit ein, beispielsweise könnte das Schauspielensemble die Probebühne regelmäßig pflegen. (Im Kampfkunsttraining haben meine Übungskolleg*innen und ich regelmäßig vor dem Training den Raum vorbereitet – als Ritual des gemeinsames Ankommens.) Gemeinsame Tätigkeiten abseits der Berufsblase verbinden.
- Schaffen Sie im Haus Räume der Begegnung. Wo können sich die Mitarbeitenden hinter der Bühne, jenseits der Kantine treffen? Machen Sie aus dem Backstage-Bereich eine künstlerisch einladende Kreativ- und Begegnungswerkstatt – die handwerklichen Fähigkeiten dazu sind im Haus vorhanden.

Checkliste Besprechung

- Was ist das Ziel der Besprechung? Welche »Geschwindigkeit« hat sie? Wie lang ist die Besprechung angesetzt? Ist die geplante Länge sinnvoll angesichts des Ziels? (S. 44 ff.)
- Wurden alle entscheidenden Personen informiert und eingeladen? (Achtung: Wurden Mitarbeiter*innen der Technik, Verwaltung, der Abteilung Marketing/Öffentlichkeitsarbeit etc. berücksichtigt?) (S. 41)
- Was ist die Agenda? (S. 52 ff.) Bis wann sollen Themen eingesammelt und die Agenda versendet werden? Ist genug zeitlicher Vorlauf vorhanden?
- Wer moderiert? Wer protokolliert? Welche sonstigen Funktionen (Achtgeber*in, Zeitnehmer*in) werden benötigt? (S. 55 ff.)
- Wie findet die Terminierung statt (angesetzt oder kollaborativ)?
- Wo soll das Meeting stattfinden? Wer kümmert sich um den Raum, die Materialien und ggf. um Verpflegung? (S. 64 ff.)
- Wo sollen die Dokumente abgelegt werden? Wer hat Zugang? Wissen diese Personen, dass sie Zugang haben? Haben sie es aktiv bestätigt?

(s. auch »Baukasten einer Besprechung«, S. 39)

Grundprinzipien für erfolgreiche Gruppenarbeit

Bevor wir zum Moderationszyklus kommen, einer praktischen Methode zum Strukturieren einer Moderation, möchte ich auf einige Prinzipien eingehen, die einer erfolgreichen Moderation zu Grunde liegen und die die Gruppenarbeit erleichtern. (Wer lieber gleich in den praktischen Ablauf einsteigen möchte, kann direkt zum Abschnitt »Der Moderationszyklus«, S. 86 ff., übergehen.)

Individuelles Lernen und kollektiven Wandel verbinden

In einer Kulturorganisation treffen Künstler*innen, Techniker*innen und Kolleg*innen aus der Verwaltung aufeinander, die im Vergleich zu vielen anderen Institutionen beruflich und in ihren Funktionen sehr unterschiedliche Hintergründe haben und zusätzlich – wie in jedem Betrieb – individuell mit verschiedenen Grundlagen, Lernarten und Wissenskompetenzen zusammenkommen. Für einen konstruktiven Austausch in größeren Meetings sollten wir uns daher bewusst sein, dass jede Person zu jedem der zu besprechenden Themen einen anderen Zugang hat. Gute Dienste leistet hierbei das *Modell der drei Zonen**.

In der *Komfortzone* befinden wir uns, wenn alles gut läuft, wir die Abläufe kennen und entspannt unseren Alltag leben. Zu viel

* Dieses Modell hat seine Verbreitung in der Erlebnispädagogik gefunden und geht auf das Yerkes-Dodson-Gesetz zurück. Die beiden Psychologen haben 1908 die Abhängigkeit von kognitiver Leistungsfähigkeit und Aktivationsniveau nachgewiesen (s. Wikipedia-Eintrag).

Komfort kann nicht nur träge machen, sondern oft auch langweilig sein. Denn unser Gehirn möchte Abwechslung, sich entwickeln und wachsen und fordert Reize, die uns beflügeln und Glückshormone auslösen. Wenn wir diese nicht im Glücksspiel oder bei sonstigen Anreizen suchen wollen, können wir sie aktiv befördern, indem wir uns in die sogenannte *Lernzone* bewegen. Hier tun wir Dinge, die wir noch nicht beherrschen. Wir entwickeln Fähigkeiten, die wir erst durch Trial and Error ausprobieren müssen. Es handelt sich um eine Übungsphase, die oft mit unbequemen Gefühlen, leichtem Frust und Zweifeln, manchmal auch mit Angst und Lampenfieber verbunden ist, in der aber auch nach erfolgreicher Bewältigung von Aufgaben Glücks- und Zufriedenheitsgefühle ausgelöst werden.

Kunstschaffende kennen diesen Mechanismus aus ihrer täglichen Arbeit. Es ist das Üben und Probieren schlechthin. Sie wissen, dass diese Phase eine bewusste Aktivität, eine gezielte Entscheidung erfordert, in die unbequemen Ecken zu gehen und den anstrengenden Pfaden zu folgen. In dieser Phase entwickeln und entfalten wir uns, sie bedeutet Wachstum.

Allerdings können übermäßiges Lernen und zu viel Veränderung genau das Gegenteil bewirken. Wenn man – wie beim Sport – zu viel trainiert, können sich Muskeln wieder abbauen, unser Gehirn gerät in einen Überlastungs- und Ermüdungszustand. Wenn ich mich überfordere, kann ich selbst das nicht mehr abrufen, was ich vorher noch perfekt gelernt hatte.*

Diese Überforderung wird mit *Panikzone* umschrieben. Es ist

---

* In einer dauerhaften Überlastungssituation kann es auch dazu kommen, dass unser adaptives Gehirn sich neue Wege im Umgang mit der Welt bahnt und wir am Ende unseren bisherigen Job nicht mehr ausführen können, weil er sich als zu belastend erwiesen hat und unser Gehirn die Fähigkeiten, die dazu nötig waren, verändert oder auslöscht, damit wir etwas Neues lernen können. Vgl. Gerald Hüther: *Biologie der Angst. Wie aus Streß Gefühle werden*, Vandenhoeck & Ruprecht, Göttingen 2014, S. 81 ff.

Drei Zonen

überhaupt kein Problem, sich ab und an in die Überforderung zu begeben, solange man sich genügend Erholung gönnt. Wie die Überforderung aussieht und wie die Erholung, ist, ebenso wie die Grenzen der Lernzone, individuell verschieden. Was die einen motiviert, stresst die anderen: Der Gang über ein hohes Gerüst in der Bühnenmaschinerie ist für eine*n Rigger*in eine harmlose Angelegenheit, während ein*e Schauspieler*in ihn als einen nervenaufreibenden Akt nah an der Panikzone wahrnimmt.

Die Zonen sind nicht nur individuell verschieden, sie lassen sich auch auf Teams, Ensembles und ganze künstlerische Organisationen anwenden. Ein Beispiel: In einem Schauspielensemble eines Stadttheaters hatte der Regisseur die Schauspielenden nach der Corona-Zeit (= Komfortzone) mit seiner kreativen, dynamischen Art beim Probieren in die Lernzone gebracht. Die Stimmung war euphorisch, lebendig und glücklich. Als jedoch der Input nicht aufhörte, kippte die Stimmung und es kam fast zu einer

Arbeitsverweigerung – nicht aus Böswilligkeit, sondern aus reiner Überforderung und damit oft aus existenzieller Angst. Das Gehirn schaltete bei den meisten Schauspielenden auf Überlebensmodus.

In künstlerischen Prozessen sind regelmäßige Verarbeitungs- und Reflexionszeiten (s. *dynamcic safe spaces,* ab S. 223) sehr dienlich, um Lernzonen mit Integrationsphasen zu verbinden, in denen das Gelernte »sacken« kann. Somit können sie Teil der Komfortzone werden, die sich stetig erweitert. Dadurch entsteht wieder Raum für Neues, wir können uns abermals in eine neue Lernzone begeben – in gesundem Maß.

Auch in sonstigen Besprechungen fällt es uns leichter, Verständnis für andere zu entwickeln, wenn uns bewusst wird, dass sich Kolleg*innen beispielsweise aus der künstlerischen Abteilung noch in der Komfortzone befinden, während die eine oder andere Person aus der Technik oder Verwaltung bei dem Gehörten schon in der Panikzone innerlich blockiert. Die Moderation könnte im Vorfeld auf die verschiedenen Lerngeschwindigkeiten hinweisen und dazu einzuladen, andere geduldig in die Lernzone zu begleiten, in dem Bewusstsein, dass Kolleg*innen aus der Kunst in den Komfort-Kontexten anderer Abteilungen (beispielsweise in technischen oder vertraglichen Fragen) auf Begleitung angewiesen sind und umgekehrt.

Gruppenintelligenz statt Groupthink – Vielfalt statt Konformität

Im Kern besteht die Idee einer guten Moderation darin, die Gruppenintelligenz zu fördern, nicht den »Groupthink«*. Gruppen können in ein Verhaltensmuster verfallen, bei dem der Gruppendruck und der Anpassungswunsch so groß werden, dass die Indi-

* 1972 vom Psychologen Irving Janis entwickelter Begriff (s. Wikipedia-Eintrag).

viduen ihre eigenen Meinungen oder persönlichen Gedanken zurückstellen. In verschiedenen Experimenten – es lohnt sich, sich einige Videos zum Suchbegriff »Groupthink« anzusehen – wird einer Versuchsperson eine eindeutig falsche Aussage (z. B. »zwei Striche sind gleich lang«, obwohl sie unterschiedliche Längen haben) vorgegeben. Da allerdings alle in dem Raum dieser »Tatsache« zustimmen, stimmt die Versuchsperson in der Mehrzahl der Fälle auch zu. Gerade in Organisationen kann dieser Effekt gefährlich werden, da frühzeitige Abweichungen und Gefahren nicht mehr benannt oder besprochen werden. Es geht die Angst um, etwas zu sagen, das vom kollektiven Konsens abweicht.

Um dem Effekt des Groupthink nicht zu erliegen, bedarf es aktiver Gegenmaßnahmen, die in den nächsten Kapiteln näher erläutert werden, wie das Konsent-Prinzip, (S. 138 f.), das Im-Kreis-Sprechen (S. 81 ff.) oder die Art, wie ich kritisches Feedback aufnehme (S. 181 f.).

Eine in Gruppenprozessen *gereifte Gruppe* (s. S. 259 ff.) kann sich selbst Regeln geben, ihre eigene Vielfalt aktivieren, respektieren und aus den Reibungen lernen. Sie sucht nicht nach Gleichschaltung – eine solche Gruppe wird eher hellhörig, wenn alles zu harmonisch ist –, sondern nach einem ergänzenden Funktionieren der Differenzen. Auf den Punkt gebracht: In einer reifen (wandelfähigen) Gruppe werden Konflikte positiv bewertet und konstruktiv ausgetragen.*

Divergieren, konvergieren und die *Groan Zone* **

Der Verlauf einer Moderation umfasst zwei Bewegungen: das Öffnen des Raums (divergieren) und das Verdichten und Zusam-

* Vgl. Peter M. Senge: *The Fifth Discipline*, a. a. O., S. 232–240.

** Sam Kaner: *Facilitator's Guide to Participatory Decision-Making*, Jossey-Bass/Wiley, Hoboken, New Jersey 2014, S. 366 ff.

menfügen des Raums (konvergieren).* In der Bearbeitungsphase wird der Raum für Gedanken, Ideen, Meinungen, Gefühle etc. geöffnet, und bereits beim Abschluss dieser Phase kann begonnen werden, den Raum wieder zu schließen und zu verdichten.

Beim Öffnen gilt es, die Vielfalt zu aktivieren und zuzulassen, beim Schließen geht es darum, ins Tun zu kommen.

Wenn man zu früh abschließt, könnten nicht alle Perspektiven mitbedacht worden sein; wenn hingegen nicht rechtzeitig abgeschlossen wird, besteht die Gefahr, nicht ins Tun zu kommen, weil die Energie zerläuft und nicht gebündelt auf nächste Schritte fokussiert wird. Dann bleibt das schale Gefühl: »Gut, wir haben darüber gesprochen, doch was machen wir jetzt?«

Zwischen der divergierenden und konvergierenden Phase entsteht bei Themenfeldern, die von vorneherein aufgeladen sind, wie zum Beispiel Spielplangestaltung, Budgetdiskussionen, Probenkontingente, mit hoher Sicherheit die *Groan Zone* (»Stöhn-Zone«), wie Sam Kaner sie eindrücklich beschreibt. Meist handelt es sich hier um Bereiche, in denen es um gegensätzliche Meinungen oder auch um Ressourcen-, Ziel- oder Rollenkonflikte geht und Entscheidungen getroffen werden müssen.

In diesem Stadium sind die Gruppenmitglieder mit verschiedenen Denk- und Arbeitsweisen, unterschiedlichen Informationsständen, persönlichen Zielen, emotionalen Geschwindigkeiten und Temperamenten konfrontiert. An diesem Punkt prallen Ansichten und Emotionen aufeinander, es können Frustration, Angst und Verwirrung herrschen. Es entsteht, wie Kaner es nennt, ein »Ringen im Dienste der Integration« (»struggle in the service of integration«) der verschiedenen Perspektiven. Die *Groan Zone* stellt eine große Herausforderung für die Moderation dar. Hier gilt es, nicht dem Impuls nachzugeben, übereilt kurzfristige Lösungen zu finden, um aus der angestrengten Stim-

* Ebd., S. 18.

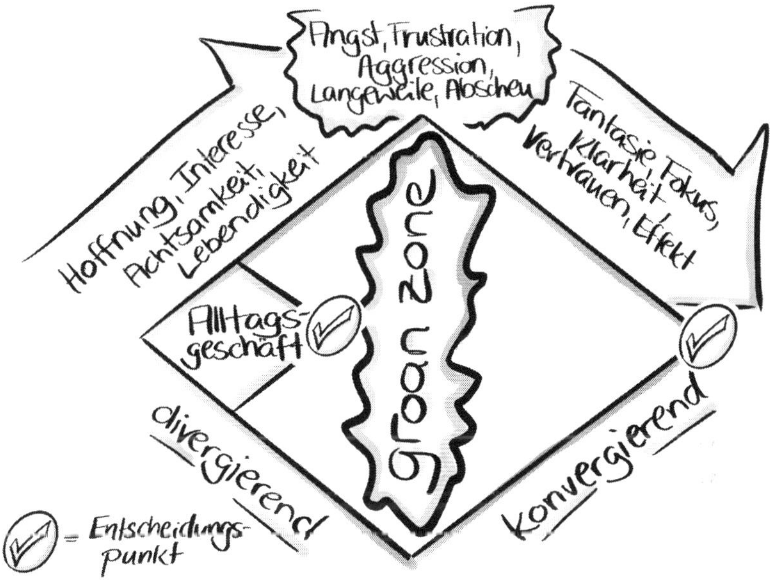

Entscheidungsdiamant in kollaborativen Prozessen
(nach Sam Kaner)

mung herauszukommen, sondern die aufgeladene Atmosphäre als kreative Spannung zu begreifen (s. »Kreative oder emotionale Spannung?«, S. 240 ff.). Es geht nicht darum, in diesem Augenblick für Harmonie zu sorgen, sondern den Raum zu halten und zu motivieren, am Thema dranzubleiben bis ein gegenseitiges Verständnis aufkeimt und sich konkrete Lösungen und Entscheidungen auftun.

Wenn man die *Groan Zone* bewältigt bzw. durchgearbeitet hat, entsteht beruhigenderweise eine neue Klarheit darüber, wo die Gruppe hinmöchte. Im Idealfall hat eine Integration der verschiedenen Interessen stattgefunden, gegebenenfalls mit entsprechender emotionaler »Trauerarbeit« in Bezug auf Wünsche, die nicht umgesetzt werden können (s. Change-Kurve, S. 150 ff.). Das Vertrauen zueinander wird gestärkt und eine gemeinsame

Ausrichtung unterstützt. Während die Gruppenmitglieder zu Beginn mit ihren eigenen Interessen, individuellen Hoffnungen und Wünschen in den Prozess hineingegangen sind, kann die *Groan Zone* dafür sorgen, dass die Partikularinteressen zu einem Ganzen gestaltet und somit integriert werden können. Was man in dieser stürmischen Phase konkret tun kann, beschreibt das Kapitel »Gruppendynamiken und der Umgang mit Emotionen« (ab S. 143).

Dialog oder Diskussion: Was brauchen wir wann?

Das Öffnen und Schließen eines Raums kann parallel zu zwei Qualitäten des Austauschs gesehen werden. Während sich der Raum am leichtesten über eine Haltung der Offenheit, Neugierde und des Interesses an anderen Perspektiven öffnen lässt, lässt sich ein Raum eher schließen, wenn eine Haltung der Klarheit, des Begrenzens, der Positionierung oder einer Entscheidung eingenommen wird. Wenn wir uns für eine Reduktion der Möglichkeiten entscheiden, können wir konkret ins aktive Handeln kommen. Hier zeigen sich die beiden Qualitäten des *Dialogs* und der *Diskussion*.

Einem *Dialog* liegt die Haltung zugrunde, gegenseitig die jeweils anderen Perspektiven mit Neugier und Offenheit zu erkunden und idealerweise zu lernen oder zumindest den eigenen Horizont bereichern zu wollen. In einem Dialog teilen wir Haltung, Meinung und Gedanken in dem Bewusstsein, dass sie durch den Austausch geändert werden könnten und dies durchaus ein wünschenswertes Ziel ist.

Eine *Diskussion* betont die Auseinandersetzung mit verschiedenen Perspektiven, die auf ihren jeweiligen Positionen verharren und sich für sie einsetzen. Es geht meist um den Wunsch, die andere Person von der eigenen Sichtweise zu überzeugen. Eine Diskussion hat die Qualität eines idealerweise friedlichen Wettkampfes: Wer gewinnt mit den besseren Argumenten? Wer setzt sich durch?

Beide, Dialog und Diskussion, sind wichtige Qualitäten in verschiedenen Kontexten. Wir benötigen den geöffneten Raum, um andere Perspektiven kennenzulernen, unseren Horizont zu erweitern und verschiedene Möglichkeiten auszuloten. Doch dann kommt der Punkt, an dem eine Entscheidung notwendig wird, und das heißt immer auch, dass Optionen wegfallen (vgl. »Entscheidungen treffen«, S. 117).

Vielfalt hören muss geübt werden

Meist diskutieren wir lieber als in den Dialog zu gehen. Daher muss die Dialogführung in Gruppen geübt werden, vor allem, um nicht in uferlose und festgefahrene Diskussionen zu geraten.

Der Dialog birgt die Herausforderung, dass wir am Ende möglicherweise mit einem anderen Selbstbild und neuen Erkenntnissen herausgehen – dass Veränderungen stattfinden.

Oft nehme ich wahr, dass wir unsere Meinungen, Haltungen etc. mit unserem Wert als Person gleichsetzen. Wenn meine Meinung nicht anerkannt wird, fühle ich mich als Mensch nicht anerkannt und reagiere möglicherweise beleidigt. Diese Reaktion macht jede Form des Austauschs schwierig. Denn das hartnäckige Beharren auf der eigenen Meinung wird dann zu einem Akt des Selbsterhalts, und das spüren auch die anderen.

Uns allen hilft es, sich einen Zusammenhang bewusst zu machen: Entwicklung und Lernen heißt Veränderung. Was nichts anderes bedeutet, als dass wir Dinge, die wir vormals gedacht und behauptet haben, heute möglicherweise anders sehen. Dem ersten Bundeskanzler Konrad Adenauer wird der Ausspruch zugeschrieben: »Es kann mich niemand daran hindern, jeden Tag klüger zu werden.«* Dies kann, sofern wir als Gruppe nicht

* Paul Weymar: *Konrad Adenauer. Die autorisierte Biographie*, Kindler Verlag, München 1955, S. 521.

wertschätzend damit umgehen, dazu führen, dass Veränderung mit Vorwürfen versehen wird: »Gestern warst du aber noch ganz anderer Meinung.«

Peter M. Senge, Ingenieur, Philosoph und Begründer der Society for Organizational Learning am Massachusetts Institute of Technology, unterscheidet zwischen Denken und Gedanken. Gedanken haben die Tendenz sich zu verfestigen. Es sind dann Narrative, die sich bei uns und kollektiv in Gruppen einprägen. Es sind feste Filter, Denkgebäude und Referenzen, mit denen wir die Welt in festen Formen und Farben sehen.

Das Denken hingegen ist als Tätigkeit davon unabhängig. Durch den Denkprozess sind wir in der Lage, Gedanken zu ändern, Referenzen zu ändern, Ansichten zu entwickeln.

Gruppen können für den Denkprozess äußerst effektive Räume bieten. Denn andere Menschen helfen uns, im Denkmodus zu bleiben und nicht in Gedankenfallen zu tappen. Senge schreibt: »In Dialogform werden Menschen zu Beobachtenden ihres eigenen Denkens. Es sind die Gedanken und die Art, wie wir an ihnen festhalten, die im Konflikt sind, nicht wir.«*

Wie in der Physik gilt das Prinzip der Falsifikation: Jeder Gedanke ist nur ein Modell, das solange gilt, bis es widerlegt ist.

Durch den Dialog kann das gemeinsame Gedankengebäude mithilfe des Denkens aller Anwesenden verfeinert, geordnet, harmonisiert und kohärenter gemacht und blinde Flecken können aufgedeckt werden. Wenn wir in einer Gruppe also nicht unsere festgefahrenen Gedanken miteinander in Konkurrenz setzen und zu einem gemeinsamen Denken kommen wollen, müssen wir uns dies als lernende Gruppe immer wieder aktiv vornehmen.

Lernen und Wachsen stehen nicht im Widerspruch zu der immer gleichbleibenden Identität eines jeden. Dieser Prozess

---

* Vgl. Peter M. Senge: *The Fifth Discipline*, a. a. O., S. 225 (Übersetzung: Christina Barandun).

zeigt lediglich, dass wir im Wesen einfach der offene, neugierige Mensch sind, der die in ihm angelegten Potenziale erforschen und entfalten will.

Im-Kreis-Sprechen oder *tour de table*

Ein Prinzip, um nicht in die Falle des festgefahrenen Diskutierens zu geraten, ist das *Im-Kreis-Sprechen* oder *tour de table* (einmal um den Tisch herumgehen), wie es im diplomatischen und politischen Kontext unter anderem genannt wird. Ausführlich wird diese Technik, bei der jede*r der Reihe nach sprechen darf, beim »Check-in« in der ersten Phase des Moderationszyklus erklärt (s. S. 88 ff.). Als Prinzip ist es immer dann sinnvoll, wenn man alle Personen gleichwertig zu Wort kommen lassen und die Gruppe zum aktiven Zuhören motivieren möchte. Es ist ein ritualisiertes Modell des aktiven kollektiven Zuhörens, das sich in sozialen Gemeinschaften bewährt hat und dem man in vielen Kontexten begegnet, ob politischen, religiösen oder sozialen.

Wie Rituale nun einmal wirken, ist bereits der äußere normierte Rahmen alleine sehr kraftvoll, selbst wenn nicht alle Teilnehmenden überzeugt sind oder auch mit ernsthaften Widerständen im Raum sind. Da dieses Reihum-Sprechen jedoch die ursprünglichste Art einer Wertschätzung für jede Stimme ist, kann sich diesem Ritual kaum jemand entziehen, vor allem, wenn jede*r zu Wort kommen darf und der Redeanteil gleich ist.

→ *zum Abfragen eines Stimmungsbildes*

Das Prinzip des Im-Kreis-Sprechens ist immer dann von Nutzen, wenn ein kurzes Stimmungsbild zu einem Thema förderlich wäre. Zum Beispiel eignet es sich gut, um mitten in einer hitzigen Diskussion, in der sich möglicherweise auch verschiedene Parteien verrennen, für Entschleunigung und eine Reflexionspause zu sorgen.

Zudem kommen auch diejenigen zu Wort, die sich im Stil-

Einen Kreis einberufen

Jede*r sollte drankommen.
Jede*r sollte über die eigenen Bedürfnisse und aus der Ich-Perspektive sprechen.
Kein Fingerzeigen auf andere und keine Schuldsuche!

len und als Außenstehende ihre Gedanken gemacht haben. Sie können der Gruppe vielleicht interessante Außenperspektiven schenken.

Ein Hinweis an alle, die Angst vor dem Dissens in der Gruppe haben, was absolut nachvollziehbar ist: Auch wenn man Konflikte unter den Teppich kehren und die Ohren lieber verschließen will, es gibt sie und wird sie immer geben. Wenn man sich ihnen stellt – so schmerzhaft es ist –, hat man die Chance, sich mit ihnen zu beschäftigen und einen Weg zu finden, auch mit der entstehenden Angst umzugehen (vgl. auch »Gruppendynamiken und der Umgang mit Emotionen«, ab S. 143).

Wenn ich besonders in der Moderationsrolle, in der ich auch als Verhaltensvorbild wirke, wirklich Interesse an jeder einzelnen Perspektive und Meinung habe und mich für alle Beiträge bedanke und danach mit der Gruppe nach Lösungen für die erkannten

Probleme suche, geraten Besprechungen erfahrungsgemäß nie außer Kontrolle. Wenn ich – wieder in meiner Moderationsrolle – allerdings Desinteresse aussende und die Meinungen der anderen ignoriere, dann liefere ich der Gruppe mit meinem Verhalten explosiven Zündstoff und verliere meine Souveränität. Das gilt natürlich in abgeschwächtem Maße auch für alle Teilnehmenden einer solchen Besprechung.

→ bei komplexen Sachverhalten

In Konflikt- oder verfahrenen Situationen, bei komplexen, miteinander verstrickten oder vielschichtig verwobenen Sachverhalten ist es ratsam, sich erstmal in Ruhe die unterschiedlichen Perspektiven und Erfahrungen nacheinander anzuhören (ohne sie zu kommentieren). Ich habe die Erfahrung gemacht, dass am Ende in der Mitte des Raumes eine Art energetische Skulptur des Themas entsteht und dadurch neue Perspektiven gewonnen werden. Das Im-Kreis-Sprechen ist ein sehr einfacher Weg, die Themenbreite aufzuschlüsseln.

Gegebenenfalls kann man diesen Prozess auch visuell untermalen, indem die erwähnten Inhalte entweder aufgeschrieben, mit Symbolen versehen oder in irgendeiner anderen Form visualisiert werden. Dann entsteht eine reale Skulptur.

→ bei emotionalen, kreativen Entwicklungen

Wenn Neues entwickelt werden soll, kann man dieses Prinzip auch als Brainstorming-Runde (s. S. 103 ff.) – allerdings in fester Reihenfolge – nutzen, wobei jedes Mal der Gedanke der*des Vorredner*in fortgeführt oder mit anderen Ideen erweitert wird, beispielsweise durch »Und/Zudem/Darüber hinaus …«

Eine weitere Möglichkeit, das Unausgegorene oder noch Im-Werden-Begriffene abzufragen, ist die vorausgehende Ansage der moderierenden Person: »Wer das Gefühl hat, noch etwas Wichtiges ergänzen zu wollen, was aber noch nicht klar formuliert werden kann, ist hier eingeladen, es zu versuchen. Wir unterstützen dabei.« Denn es gibt begabte Personen, die feinsinnig relevante Spuren für die weitere Entwicklung erahnen, ohne sie in Worte fassen zu können. Häufig erlebe ich, dass erstaunlich innovative Ideen und Wege entstehen, wenn diesem etwas zögerlichen, selten rhetorisch Geschliffenen aktiv Raum gegeben wird.

→ *in Besprechungen mit Führungskräften*

Abteilungsleitungen, Geschäftsführungen und Intendanzen beklagen sich oft: »Es sagt nie jemand etwas. Auch wenn ich meine Mitarbeiter*innen/mein Ensemble dazu auffordere.« Für viele Menschen ist es sehr herausfordernd, in einer größeren Gruppe vor allen Teilnehmenden und besonders vor den Führungskräften zu sprechen und dann noch Bedenken zu äußern, vor allem dann, wenn es sich um künstlerisch Beschäftigte mit Normalvertrag Bühne handelt. Zudem meinen die meisten, ihre Bedenken seien nicht so wichtig oder würden wahrscheinlich niemanden interessieren.

Gerade in diesen Runden helfen fest vorgegebene Reihenfolgen, in denen alle dazu eingeladen werden, etwas zu sagen. Natürlich werden sich auch hier nicht immer alle trauen, wirklich offen zu sein. Doch mit Übung und vor allem der wiederholten Erfahrung, dass die künstlerische oder technische Leitung oder die Kolleg*innen konstruktiv mit dem Input umgehen und miteinander im Anschluss gegebenenfalls sogar in die *Groan Zone* (s. S. 75 ff.) gehen oder andere ähnlich denken, entsteht mit der Zeit eine größere Offenheit und man wird mutiger. Eine wichtige Voraussetzung für das »Reden auf Augenhöhe«.

Allen Führungskräften sei an dieser Stelle ans Herz gelegt, sich selbst einmal zu beobachten (oder eine Vertrauensperson damit zu beauftragen), wie man auf kritische Äußerungen in Besprechungen reagiert und ob das eigene Verhalten eher eine vertrauensvolle Stimmung fördert oder Mitarbeiter*innen verunsichert.

Auch sollte der eigene Redeanteil überprüft werden. Hier gilt als Faustregel: Je höher in der Hierarchie, desto geringer der Anteil.

Widmen wir uns nun ausführlicher der Moderation und schauen uns konkret an, wie sich einige Grundregeln in der Praxis umsetzen lassen. Dabei ist der folgende Leitgedanke schon ein erstes Prinzip: Wie können wir Vielfalt zulassen und dennoch ins Tun kommen?

Der Moderationszyklus

Der Moderationszyklus – vom Moderationsexperten Josef W. Seifert Ende der 1980er-Jahre entwickelt* – ist ein einfacher Leitfaden, der der Strukturierung einer Moderation in Besprechungen dient – sowohl in der Vorbereitung als auch währenddessen. Er hilft Moderator*innen, Gespräche zu steuern und Inhalte zu ordnen, um am Ende das Ziel der Besprechung zu erreichen, zum Beispiel nächste Schritte zu definieren. Die Methode ist für sämtliche Besprechungsformen und Gruppengrößen anwendbar und umfasst sechs Phasen:

1. Phase: Den Rahmen setzen
2. Phase: Sammeln
3. Phase: Auswählen
4. Phase: Bearbeiten
5. Phase: Planen
6. Phase: Den Rahmen schließen

Im Folgenden sehen wir uns den Ablauf mit den einzelnen Phasen sowie die »technischen« Aspekte, das Handwerkszeug der Moderation genauer an. Ich berufe mich dabei auf meine eigene Moderationspraxis und -erfahrung. Auf den Umgang mit Gruppendynamiken und Emotionen, die oft genug im Raum stehen, gehe ich im übernächsten Kapitel ein.

---

* Vgl. Josef W. Seifert: *Besprechungen erfolgreich moderieren. Kommunikationstechniken für Leiter und Teilnehmer*, Gabal Verlag, Offenbach 2018, S. 20 ff.

Moderationszyklus

1. Phase: Den Rahmen setzen

Der Moderationszyklus beginnt damit, den Rahmen zu setzen.

Es ist erstaunlich, wie viele Teilnehmende unvorbereitet und gehetzt in eine Besprechung gehen. Meist kommen sie direkt aus einer Probe oder Anprobe, einem Gespräch mit der Bühnenbildner*in oder dem*r Techniker*in und sind gedanklich noch mit kniffligen technischen oder dispositorischen Problemstellungen beschäftigt.

Gleichgültig, um welche Art der Besprechung es sich handelt, als Moderator*in muss mir bewusst sein, dass die verschiedenen Menschen, die nun zusammenkommen, mental und emotional noch nicht bei der Sache sind. Wie es so schön heißt: Die Seele hinkt noch hinterher. Daher ist es wichtig, die ersten Minuten zum Ankommen zu nutzen. Aufgabe der*des Moderator*in ist es, zunächst ein konstruktives Arbeitsklima zu schaffen. Wenn ich gleich mit einem Thema einsteige, werden die meisten diesen Teil meiner Ausführungen gedanklich nicht fassen können. Das führt dazu, dass im Laufe des Meetings viel nachgefragt wird, was zum einen aufhält und zum anderen Unmut bei einigen Personen auslösen kann.

Einleitung

Nach der Begrüßung nenne ich das Thema der Sitzung, das Ziel und den Zweck und stelle kurz die Agenda vor. An dieser Stelle können schon weitere Themen aufgenommen werden, die dann – sichtbar für alle! – auf einer Flipchart notiert oder online auf dem geteilten Bildschirm in das Agenda-Dokument direkt eingefügt werden. Wenn das Sammeln der Themen selbst ein Agenda-Punkt ist, findet dieser erst nach dem einleitenden *Check-in* statt (s. »2. Phase: Sammeln«, S. 94 f.).

Oft gebe ich vorher noch allgemeine Infos – zum Beispiel wann längere Pausen vorgesehen sind oder, falls der Ort unbekannt ist, wo sich etwa die Toiletten befinden. Zunächst bietet sich auch ein allgemeines Abfragen zu anstehenden Themen an (z. B.: »Wer hat sich bereits in die Liste zu … eingetragen?«), bei dem die Gruppe zur kollektiven Aktivierung die Hände hebt. In der Einleitung sollte das Gefüge der Gruppe hier und jetzt gefestigt werden.

Idealerweise bräuchten Mitarbeitende in Kulturbetrieben zwischen einzelnen Terminen eine kurze Pause, die sie sich leider in der Realität nie nehmen. Eine bewährte Möglichkeit, eine künstliche Pause zum Ankommen einzubauen, die gleichzeitig viel Informationsaustausch ermöglicht und ein Teamgefühl unterstützt, ist der sogenannte Check-in.

Check-in

Damit sich – wie es einst ein Schauspieldirektor formulierte – »die Gehirne synchronisieren« können, ist ein guter Einstieg wichtig. Bei Vorstellungen starten wir mit einem ersten und zweiten Zeichen, in der Kampfkunst mit einer Meditation und einer Verbeugung. Beim Sport wärmen wir uns auf, vor dem Essen trinken wir oft einen Apéritif – das gemeinsame Ankommen und gemeinsame Einschwingen sind eine wichtige Voraussetzung für eine konstruktive Begegnung.

Mit dem Check-in bekommen wir ein Bild von der gesamten Gruppe. Hier können zum Beispiel auch Stimmungen abgefragt werden: »Wie bist du heute hier?« Kurze Aussagen aus dem privaten Umfeld (mögliche Belastungen und Befindlichkeiten, Schmerzen, Müdigkeit etc.) helfen, den gesamten Menschen in seinem Hiersein zu verstehen und keine falschen Interpretationsschlüsse zu ziehen. In dieser ersten Runde wird von der Moderation verlangt, dass sie konsequent reihum (s. Im-Kreis-Sprechen, S. 81 ff.) von Person zu Person geht und dafür sorgt, dass eine Gruppenskulptur aufgebaut wird: »Vielen Dank. Und nun bitte …«

Eine klare Reihenfolge hat auch den Vorteil, dass Schüchterne genau wissen, wann sie drankommen, sich innerlich vorbereiten können und weniger Stress haben. Sie müssen auch nicht um Aufmerksamkeit kämpfen, da ihr »Platz« sicher ist, sie können sich auf die Inhalte der anderen konzentrieren. Jede*r bekommt den eigenen Raum. Damit entsteht auch eine größere Entspanntheit in der Gruppe.

Der Check-in ist auf vielen Ebenen enorm praktisch, um sowohl inhaltliche, emotionale als auch gruppendynamische Entwicklungen zu fördern.

Bei kurzen Besprechungen sollte man sich im Vorhinein überlegen, wie man die Gruppe rasch einschwingt, um schneller zum Wesentlichen zu gelangen. Mit ein wenig Übung lassen sich Check-in und das vorgesehene Thema kombinieren, idealerweise mit einer Fragereihe, die bereits einige der zu behandelnden Tagesordnungspunkte thematisiert – in einem wöchentlichen Jour fixe zum Beispiel: »Was ist in der letzten Woche passiert? Was waren die Highlights? Welchen Hauptschwierigkeiten seid ihr begegnet?«

Je nach Kontext des Meetings lohnt es sich, mit Fragen zu arbeiten, die sich bereits auf das kommende Thema beziehen.

Beispiele für Check-in-Fragen

… **bei der ersten Probe:** Worauf freust du dich am meisten in unserer Zusammenarbeit? In Bezug auf das Stück? Was ist für dich in der Zusammenarbeit das Wichtigste, um dich wohl und sicher zu fühlen?

… **in hektischen Zeiten:** Was brauchst du heute von uns, um richtig anzukommen?

… **während eines Prozesses:** Was beschäftigt dich? Was hat dich (heute) am meisten überrascht/berührt/irritiert?

… **bei inspirierenden Themen:** Welche/r/s Produktion/Film/Buch/gesellschaftliches Ereignis hat dich in den letzten Monaten am meisten inspiriert und warum? Welcher Moment in der letzten Probe hat dich besonders beeindruckt?

… **bei visionären Themen (zum »Größer-Denken«):** Welche*n Visionär*in hat dich in deinem Leben beeindruckt/begeistert? Welche Erfindung findest du faszinierend? Was würdest du gerne erfinden? Wenn alles möglich wäre: Wo würdest du heute stehen? Welcher Tätigkeit würdest du heute nachgehen und wie würde es dir damit gehen? Was hättest du gemacht/entwickelt/erfunden/erlebt? Wann hast du in deinem Leben eine vermeintlich unerreichbare Vision doch erreicht?

… **bei Konfliktthemen (zum Ressourcenaufbau):** Welche Fähigkeit bringst du mit, die bei diesem Thema hilfreich sein könnte? Ist es dir schon mal gelungen, bei einem ähnlichen Fall eine Lösung zu finden? Was hast du da getan?

Welche Regeln gelten beim Check-in?

Eine Person nach der anderen bekommt den Raum, die Fragen zu beantworten. Bei kurzen organisatorischen Besprechungen von zum Beispiel einer Stunde reichen dafür ein bis drei kurze Sätze. Bei einer kleineren Gruppengröße sollte der Check-in nicht länger als 10 bis 15 Minuten dauern, deshalb sollte man hier eine Redezeit von etwa zwei Minuten vereinbaren.

Bei großen Gruppen kann man auch Untergruppen bilden, die sich gegenseitig abfragen. Je nach Thema kann man bei größeren Gruppen auch auf einen Check-in verzichten und dafür die Einleitung (s. oben) etwas ausführlicher gestalten, um den Effekt des Ankommens und Einschwingens zu erzielen.

Bei langsamen Besprechungen (s. »Schnell oder langsam?«, S. 44 ff.), die persönliche Themen beinhalten oder kreative Kraft entwickeln sollen und deshalb Sensibilität erfordern, ist es hilfreich, sich für den Check-in mehr Zeit zu nehmen und diesen bereits als eine erste Inspirationsquelle zu nutzen. Hier sollte dann auch kein Zeitlimit vorgegeben werden. Wenn in der Gruppe allerdings große hierarchische Unterschiede vorhanden oder Vielredner*innen (s. »Moderationstipps bei Vielredner*innen«, S. 111) anwesend sind, ist es ratsam, ein Zeitfenster festzulegen, das allerdings größer sein sollte, um die langsame Qualität der Besprechung zu betonen.

Eine weitere Regel lautet: Keine Diskussionen! Jede*r darf zunächst das eigene Momenterleben darstellen, ohne dass darauf reagiert werden soll. Wenn sich daraus Redebedarf ergibt, so gehört das erst in den späteren Teil. Wenn sich die Ersten an dieser Stelle schon dazu äußern würden, würde eine völlig andere Besprechung herauskommen, die vielleicht gar nichts mit dem angekündigten Thema zu tun hätte. Ich nenne solche Gesprächsverläufe »gekaperte« Besprechungen. Am Ende sind alle frustriert, weil sie das Wesentliche nicht besprechen konnten und es nun noch mehr Baustellen gibt, da das »Kapern« neue Punkte offenlegt.

Die einleitende Phase kann flexibel gestaltet werden, zum Beispiel beginne ich in manchen Gruppen-Meetings, wenn zu Beginn noch Personen fehlen, noch vor der Agendavorstellung mit dem Check-in, damit mein inhaltlicher Einstieg nicht verloren geht. Das Entscheidende an dieser Phase ist, einen guten physischen und psychischen Raum zu etablieren, bei dem alle zum gleichen Zeitpunkt in das gemeinsame Arbeiten einsteigen können.

Gemeinsame Gruppenregeln setzen

In einem Check-in lassen sich sehr gut Erwartungen abfragen. Bei einem längeren Seminar kläre ich häufig zu Beginn mithilfe einer Kartenabfrage neben den Erwartungen auch die gemeinsamen Gruppenabsprachen:

- Was erwarte ich von mir selbst (als Teilnehmer*in)?
- Was erwarte ich von der Gruppe?
- Was erwarte ich von der Moderation?

Diese Abfrage ermöglicht der Gruppe, die gemeinsamen Regeln bewusst zu definieren und festzuhalten, gleichzeitig können einzelne Bedürfnisse geklärt werden.

Nun macht es wenig Sinn, dies bei regulären Treffen immer wieder neu zu definieren. Sinnvoll wäre es jedoch, es einmal zu klären – zum Beispiel könnte eine Leitungsrunde in einer Klausurtagung, wenn sie sich zu strategischen Themen wie dem Spielplan Gedanken macht, einmal die für die gesamte Spielzeit geltenden Gruppenregeln festlegen. Wichtig ist, dass die Absprache innerhalb der Gruppe stattfindet, zum Beispiel in der Abteilung Bühnentechnik auf sämtlichen hierarchischen Ebenen. Ansonsten wird es als eine Anweisung »von oben« wahrgenommen, die meist wenig beherzigt wird.

Anmoderationen und Überleitungen

An dieser Stelle möchte ich auf Anmoderationen und Überleitungen hinweisen, die während des gesamten Moderationszyklus immer dann bedeutsam werden, wenn wir von einer Phase in die nächste gelangen. Sie gestalten die Stimmungen im Raum und haben großen Einfluss auf die Atmosphäre.

Leite ich als externe*r Moderator*in ein Meeting, so braucht es am Anfang eine Selbstvorstellung, die ganz unterschiedlich aussehen kann. Möglicherweise kann es notwendig sein, auf die Ausbildung und Erfahrung näher einzugehen oder auf Erlebnisse, die man mit dem Thema des Meetings verbindet. Je nach Sensibilität des Themas betone ich bei einer Moderation, dass alle frei entscheiden können, ob sie mitmachen oder etwas sagen wollen und dass sie in den Pausen immer auf mich zukommen können. Ich achte sehr auf eine transparente Kommunikation, auf viel Ruhe, rede bewusst langsam, liefere Hintergrundwissen und erläutere im Idealfall immer den Grund meines Vorgehens. Wenn es um Visionen geht, dann erzähle ich vielleicht eine Geschichte, die mich selbst fasziniert und inspiriert hat. Wenn es um Strukturen und Effizienz geht, gebe ich beispielsweise einen Input, welchen Nutzen Effizienz hat und wie Struktur wirkt.

Bei allen Ausrichtungen versuche ich jeweils, den Sinn und die Zweckmäßigkeit dieses Treffens herauszustellen und im Idealfall eine Sogwirkung zu erzeugen. Ich versuche, mich in das Ziel und in die Gruppe hineinzuversetzen, mich mit ihnen zu verbinden, und dann folgt meist unvorbereitet die passende Ansprache. Auch bei den Überleitungen nutze ich den Moment, um die Atmosphäre in Vorbereitung auf die nächste Phase entsprechend zu gestalten, den Gruppenfokus neu auszurichten. Wenn wir zum Beispiel aus der Brainstorming-Phase (s. S. 103 ff.) in die sortierende Phase kommen, bitte ich aktiv darum, nun nicht weiter in die Tiefe zu gehen, sondern jetzt den Raum wieder bewusst enger zu machen. Es sind Orte der Weggabelung, wie auf einer Gruppenwanderung, bei der dann von der Moderation eine Ansage für die Ausrichtung gegeben werden sollte.

Redner*innen-Liste

Dialog- und Diskussionsphasen von Besprechungen, in denen sich die Teilnehmenden spontan melden können, benötigen auch eine Struktur wie beispielsweise eine Redner*innen-Liste. Diese hängt ein wenig von der Größe der Gruppe ab. Wenn man in der Moderator*innenrolle auch noch Protokoll führt und zum Beispiel zum Aufschreiben auf einer Flipchart mit dem Rücken zur Gruppe steht, wird es schwierig, den Überblick zu behalten. In diesen Fällen kann man entweder jemanden benennen, der*die in der Zwischenzeit eine Liste führt, oder man fragt kurz nach, wer sich zuerst gemeldet hat. Meist können die Teilnehmenden das einigermaßen einschätzen.

Wenn sich beispielsweise viele auf einmal melden, kann man auch eine Reihenfolge durch Durchnummerieren festlegen, ich empfehle maximal sechs Personen. Denn wenn diese Fragen bearbeitet wurden, haben sich erfahrungsgemäß andere bereits erledigt.

2. Phase: Sammeln

Nach der Einleitung und dem Check-in geht es um das Sammeln der Themen. Diese Phase des Sammelns wird in den meisten Fällen durch eine gut vorbereitete Agenda entfallen, in diesem Fall ergänzt man höchstens noch das eine oder andere dringliche Thema, meist auch gleich zu Beginn beim Einstieg, wenn die Agenda vorgestellt wird.

Das Sammeln von einzelnen Aspekten wird vor allem bei solchen Besprechungen wichtig, in denen man tiefer in Themen einsteigen möchte, oder wenn vorher schlicht die Zeit fehlte, eine Agenda zu erstellen. Die Themensammlung erfolgt über

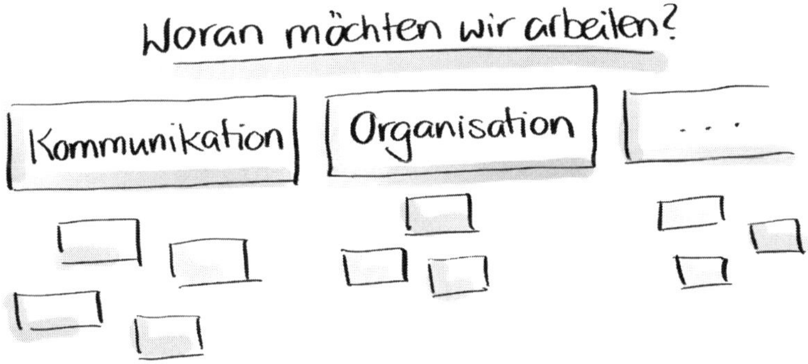

Themen sammeln und sortieren

Zurufe oder man hat bereits beim Check-in die Frage nach weiteren Themen miteingeflochten und die Agenda entsprechend ergänzt. Zu den Aufgaben der Moderatorin oder der*des Protokoll-Schreiber*in gehört, die Vorschläge aufzuschreiben und sie in Themengebiete zu clustern, zum Beispiel in Form einer Mindmap (s. S. 108).

Man kann auch die Teilnehmenden bitten, ihre Themenvorschläge auf Karten oder Klebezettel zu schreiben, die man dann an eine Pinnwand heftet und zu einem Cluster zusammenfasst.

Wichtig ist, alle Vorschläge und Anliegen aufzunehmen und festzuhalten, selbst wenn die Themen nachher in den *Themenspeicher* wandern. Der Themenspeicher ist eine Liste mit Themen, die beispielsweise aus Zeitmangel nicht bearbeitet werden können oder den vorgegebenen inhaltlichen Rahmen des Meetings sprengen und zu einem späteren Zeitpunkt betrachtet werden sollen.

3. Phase: Auswählen

In der dritten Phase werden alle Themen sortiert, zum Beispiel nach schnellen und langsamen Themen und nach Priorität. Aus strategischen Gründen ist es hilfreich, mit einigen schnellen Themen zu beginnen, die zügig abgehandelt werden können. So hat die Gruppe bereits am Anfang Erfolgserlebnisse.

In dieser Phase wird gemeinsam entschieden, wie weiter vorgegangen wird. Meist reicht die Frage: »Was schlagt ihr vor?« oder »Welches Thema ist euch besonders wichtig?« Dadurch ergibt sich bereits automatisch eine Priorisierung.

Wenn die Meinungen in der Gruppe zu sehr auseinandergehen, muss abgestimmt werden, zum Beispiel per Handzeichen. Um nicht allzu viel Zeit mit sinnlosen Diskussionen zu vertun, bietet sich das Punkteverfahren an (s. Kasten »Faustregeln bei der Vergabe von Punkten«). Findet die Konferenz digital statt, kann man bei vielen Videokonferenztools wie *Zoom* die Umfragefunktion nutzen, verschiedene Apps wie *slido* oder *mentimeter* lassen auch kollektive, anonyme Umfragen über Handy zu.

Faustregeln bei der Vergabe von Punkten zur Priorisierung von Themen:

1. Um zu bestimmen, wie viel Punkte jede Person verteilen kann, nimmt man die Hälfte der Anzahl der abzustimmenden Themen (z. B. bei zehn Themen kann jede Person fünf Punkte [10/2=5] vergeben).
2. Damit sich in der Priorisierung ein differenziertes Bild zeigt, darf man nicht alle Punkte auf ein Thema setzen, sondern maximal zwei pro Thema vergeben.

Ein praktischer Hinweis: Die Priorisierung bietet einen Anhaltspunkt, wie wichtig einzelne Anliegen für die Teilnehmenden sind. Sie muss nicht unbedingt die klügste und zwingende Reihenfolge der Bearbeitung sein. Man könnte auch mit einigen schnell abzuhandelnden Tagesordnungspunkten beginnen, die weiter hinten in der Liste stehen, um die »letzte halbe Stunde« in Ruhe mit dem Prio-Eins-Thema zu verbringen.

In dieser Sortierungsphase einigt man sich auch auf einen zeitlichen Rahmen: Wie lange können wir maximal für jedes Thema aufwenden? Dies hilft, den gesamten Ablauf im Auge zu behalten und eine zeitliche Richtschnur zu haben, um zu sehen, wo die Gruppe mit den Themen steht und ob Anliegen eventuell auf spätere Zeitpunkte verlegt werden sollten. Man kann auch Ziele festlegen, zum Beispiel: »Dieser Punkt soll heute auf jeden Fall behandelt werden, auch wenn das alles ist, was wir schaffen.« Wenn die Bearbeitung eines Themas länger dauert als geplant, sollte man besser ein anderes Meeting dafür festlegen oder die hinteren Punkte streichen.

Auch hier ist eine Visualisierung wichtig – die Themenblöcke sollten auf Karten, auf Flipcharts oder in Dokumenten festgehalten, über einen Beamer an die Wand projiziert oder online geteilt werden (s. S. 120 ff.).

Ziel der dritten Phase ist es, als Basis für ein konstruktives Meeting einen gemeinsamen Fahrplan zu haben, der von allen Teilnehmenden proaktiv abgesegnet ist – sowohl inhaltlich (strukturierte Themenliste mit Tagesordnungspunkten) als auch von den Erwartungen der verschiedenen Personen her (die Priorisierung wird gemeinsam festgelegt, nicht behandelbare Themen wandern gegebenenfalls in den Themenspeicher). Damit ist die Wahrscheinlichkeit höher, dass alle sich mit den Ergebnissen identifizieren und sie auch umsetzen.

4. Phase: Bearbeiten

Das Ziel der vierten Phase ist es, den Raum zum Bearbeiten zu öffnen, was unter dem Prinzip des Divergierens (s. S. 75 f.) verstanden wird. Hier geht der Austausch in die Breite. Das Bearbeiten der Themen kann die vielfältigsten Formen annehmen. Es kann ein aktiver Teil einer Sitzung sein. Unter Berücksichtigung der vorgegebenen Zeit werden im Plenum oder in Kleingruppen die festgelegten Themen diskutiert.

Manchmal jedoch ist von vornherein klar, dass zum Bearbeiten mehr Zeit, andere Personen oder ein anderer Kontext nötig sind, wenn beispielsweise zur Entwicklung eines gemeinsamen Zukunftsbildes ein Großgruppenformat (ab S. 203) mit der ganzen Organisation sinnvoll wäre, bei dem die Frage »Wo wollen wir in fünf Jahren stehen?« erörtert werden soll. Oder wenn für ein umfassenderes Feedback ein Produktionsnachgespräch (S. 193 f.) mit den jeweiligen Beteiligten nötig wird. Dann ist es besser, die vierte Phase im Moderationszyklus zu überspringen und das Thema auf einen anderen Zeitpunkt zu verschieben. Zu beachten ist, dass dieses Thema zur Bearbeitung in die Obhut einer anwesenden Person übergeben werden muss, einem*r Hüter*in oder Pat*in des Themas. Dementsprechend hält man die Bearbeitung dieser Aufgabe als To-do im Protokoll fest.

Tipps und Anregungen, um die Haltung des Dialogs zu fördern

Hier einige Hinweise, auf die wir sowohl in der Moderationsrolle als auch als Teilnehmer*in achten können:

- Wir sind gesellschaftlich eher in Diskussion geübt, in der die*der Stärkere oder Lautere gewinnt. Für diese offene, zuhörende und oft langsame Qualität, die für einen konstruktiven Dialog notwendig ist, bedarf es einer anderen Haltung: Neugier, Offenheit für Neues, Lust dazuzulernen. Ich versuche, mich innerlich bewusst in eine Haltung der Neugier und in die Perspektive der anderen zu versetzen.

Ein einfacher Weg ist es, Fragen zu stellen (s. »Die Frage als Denkmotor«, S. 101 ff.).

- Wenn ich nicht die Meinung der anderen teile, frage ich neugierig nach und ermutige die anderen, ihre Sichtweise nochmals zu beschreiben. Auch für Führungskräfte ist diese Vorgehensweise ratsam, um aus einer intuitiven Rechtfertigungsreaktion herauszukommen.
- Eine der wichtigsten Regeln: Keine abwertenden Kommentare zu anderen Meinungen! Ich nehme alle Teammitglieder wohlwollend als Kolleg*innen mit anderen Ansichten wahr und bringe ihnen Verständnis entgegen.
- Wenn ich eine Meinung geäußert habe, bitte ich umgekehrt die anderen, meine dargestellte Perspektive kritisch (aber nicht abwertend) zu kommentieren und zu hinterfragen. Ich bitte aktiv um konstruktive Kritik, mit der inneren Neugier, meine eigenen blinden Flecken aufgezeigt zu bekommen und zu erhellen.
- Wenn ich Annahmen äußere, mache ich diese auch als solche kenntlich: »Aus meiner Sicht«, »In meiner Welt«, »Meines Erachtens« etc. Im Grunde gilt es, alle dargebotenen Gedanken, Ideen, Interpretationen als reine Annahmen zu hinterfragen. Mir hilft das Bild, diese in den gemeinsamen Raum zu stellen und um Gedanken dazu, Feedback etc. zu bitten. Indem ich sie bewusst als »Annahmen« anerkenne, baue ich eine Distanz zu ihnen auf und nehme andere Meinungen oder Kritik weniger persönlich. Ich kann akzeptieren, dass sich meine Haltung und Perspektiven ändern können, ohne dass meine Integrität bedroht wird.
- Gleichzeitig versuche ich, proaktiv mit meinen Vorurteilen umzugehen, sie direkt anzusprechen, zu benennen und eventuell auch zur Diskussion zu stellen.
- Im Dialog geht es nicht um einen Kompromiss oder eine Einigung, sondern darum, eigene Denkweisen oder An-

nahmen zur Untersuchung anzubieten, die verschiedenen Wahrheiten zu erkennen und zu teilen und dann herauszufinden, was getan werden muss. Es geht um die Sache, nicht um das Gewinnen einer Auseinandersetzung oder das Durchsetzen der eigenen Meinung. Wir wollen aktiv die eigenen Denkhorizonte erweitern.

- Meta-Reflexion: Ich denke laut über das nach, was gerade passiert. Ich versuche, Differenzen und Themen auf konstruktive, einfühlsame Weise zu benennen.
- Selbstreflexion: Wie trage ich persönlich dazu bei, dass die Situation/die Stimmung/das Verhalten so ist, wie sie/es ist? Was sagen andere dazu? Wie könnten sie mein Verhalten deuten?

Bedarfsanalyse oder Ideen- und Lösungsentwicklung?

Ob Themen nun unmittelbar oder in einer nächsten Sitzung bearbeitet werden: Meist handelt es sich entweder um eine Bedarfsanalyse oder um eine Ideen- und Lösungsentwicklung. Entweder möchte die Gruppe gezielt »Probleme« betrachten, also in die Tiefe gehen, Zusammenhänge verstehen und Schwierigkeiten klären, oder sie möchte sich gedanklich auf breitere Pfade begeben, Blickwinkel ändern, Neuland erkunden und bisher unbekannte Lösungswege finden.

Im Folgenden habe ich einige Wege zur Bearbeitung eines Themas aufgelistet, die in der Praxis gut funktionieren. Meiner Erfahrung nach sind in Kulturbetrieben weniger ausgefeilte Kreativtechniken (= ihr Alltagsgeschäft) gefragt als strukturierende Moderationstechniken. Diese sollten in Ruhe geübt werden, bei Bedarf kann man sich in den komplexeren Methoden separat weiterbilden.

Die Frage als Denkmotor

Das einfachste Mittel, um das Denken anzutreiben, ist die *Frage.*

Wenn *die* zündende Frage einmal gestellt ist, einem Götterfunken gleich, springt unser Geist wonnetrunken wie von selbst an und reißt sich um Antworten. In den Flow eingetaucht, hält die Frage uns gebannt und wir begreifen, sie ist der Schlüssel zur Tür, zu einer neuen Erkenntnis, die uns Perspektiven eröffnet.

Fragen gehören zu meinem alltäglichen Coaching-Handwerkszeug. Wenn ich an meine eigenen Erlebnisse mit Fragen denke, so hat mir die Frage »Wie wichtig ist mir das?« oft neue aufschlussreiche Wege offenbart. Die entscheidende Frage muss weder intellektuell, originell noch komplex sein. Einfache Fragen wie »Was ist dein Ziel?« oder »Was gibt es noch?« öffnen unzählige Denkräume. Je offener und schlichter sie gestellt werden, desto eher können sie zu dem Generalschlüssel werden, der Menschen zum Denken anregt. Weil sie dann die Freiheit bekommen, die Frage auf ihre eigene Art zu hören und sie in ihrer individuellen Weise zu nutzen, um zu einem Ergebnis für sich selbst zu finden.

Wenn ich sehr konkret nachfrage, ertappe ich mich meist dabei, dass ich nur meine eigene Denkweise oder meine Vorurteile bestätigt haben möchte und weniger in die Sichtweise der anderen eintauche.

Wir unterscheiden zwischen offenen und geschlossenen Fragen. Geschlossene Fragen führen zu den knappen Antworten »Ja« oder »Nein«, bei offenen stehen keine vorgegebenen Antwortmöglichkeiten zur Verfügung, oder anders gesagt: Die Antwort muss selbst formuliert und gefunden werden.

Beide Fragearten sind wichtig und sehr wirksam, wenn wir sie gezielt einsetzen. Die geschlossenen Fragen schließen den Raum, zwingen zu einer Positionierung und sind sehr hilfreich, wenn wir zu Entscheidungen oder verbindlichen Verabredungen kommen wollen (s. »Divergieren, konvergieren und die *Groan Zone*«, S. 75 ff.). Die offenen eignen sich besonders gut, um in einem ausführlicheren Gespräch neue Einblicke und Informationen zu bekommen.

In der vierten Phase des Moderationszyklus dienen uns die offenen Fragen mehr. Denn sie fordern die zuhörende Person dazu auf, ihre Sicht der Dinge näher zu erläutern.

Beispiele für offene Fragen, wenn wir in die Tiefe gehen möchten:

- Worum geht es? Was ist das konkrete Ziel?
- Wie? Wo? Wer?
- Welchen Nutzen hat das Ziel für dich? Was steht dahinter?
- Was noch?
- Wer sieht es genauso? Wie sehen es andere?
- Was ist aus eurer jeweiligen Sicht das Problem/das Ziel/die Lösung?
- Wen betrifft das Problem? Wer ist beteiligt? In welcher Form?
- Wie habt ihr so etwas Ähnliches schon einmal gelöst?
- Seit wann besteht das Problem? Wann war es anders? Was war anders?
- Wie könnte man das Problem noch betrachten? Was ist das Gute daran? Wem nützt das Problem?

Eine der wichtigsten Aufgaben ist es, sich in einem Bearbeitungsprozess genau über die grundlegende Frage Gedanken zu machen. Gerade Steuerungsgruppen (s. S. 205 ff.), die zum Beispiel Reflexionstage vorbereiten, verbringen sehr viel Zeit damit, die Fragestellungen zu finden, die das Gewünschte beleuchten. Wenn die Frage klar und präzise ist, liegt die Antwort oft auf der Hand. Die entscheidende Frage zu suchen und zu definieren, hilft, das Ziel zu präzisieren. Die Frage könnte sogar lauten: »Was wollen wir eigentlich erfragen?«

Die klassische Liste

Fragen führen – im Idealfall – zu Antworten und diese gilt es in der Bearbeitungsphase des Moderationszyklus festzuhalten. Dabei ist die klassische Liste immer noch das einfachste Instrument, um Ideen zu sammeln. Gerade bei pragmatischen Fragestellungen wie »Was brauchen wir an technischem Material?«

Allein die Tatsache, flüchtige Gedanken zu Papier bringen und formulieren zu müssen, erfordert bereits einen Auswahlprozess im Gehirn und eine Form der Konkretisierung und Materialisierung. Zudem ermöglichen wir dem Gehirn, diesen Gedanken loszulassen – er ist sichtbar notiert – und schaffen so Raum für neue Denkmöglichkeiten. Besonders auch in Gruppen. Daher kann es eine große Hilfe sein, einen Themenspeicher (s. S. 95) zu führen, damit die Gedanken losgelassen werden können, weil sie festgehalten wurden (auch wenn sie in dieser Sitzung nicht besprochen werden, sie bekommen ihren Platz). Ganz im Sinne von »Keep it simple!« ist die Liste eines meiner Lieblingsformate – unspektakulär, aber effizient.

Brainstorming und Brainwriting

*Brainstorming** ist bekannt und mittlerweile Teil des alltäglichen Vokabulars. Oft jedoch halten wir uns nicht an die Regeln und auf diese Weise verliert das Instrument an Kraft.

»Komm, wir brainstormen mal dazu … Was sind eure Ideen?« –, lautet meist ein Einstieg in einen Austausch und eine Diskussion über mögliche Ideen und Lösungen. Das hat erst einmal nichts mit dem Instrument des Brainstormings im engeren Sinne zu tun. Denn genau das will es verhindern – dass wir aufeinander

* S. Wikipedia-Eintrag »Brainstorming«.

inhaltlich reagieren und miteinander ins Diskutieren geraten. Brainstorming meint die ungefilterte und ungeordnete spontane Äußerung von Ideen. Die Brainstorming-Regeln laden dazu ein, dass sich alle mit Bewertungen zurücknehmen, damit ein freier Raum für Ideen entstehen kann, der auch bewusst dazu einlädt, Verrücktes, Lustiges, Schräges, Undenkbares auszusprechen, ohne Angst vor einem Abkanzeln zu haben oder gleich in die Das-ist-unmöglich-Diskussion eingesaugt zu werden.

Ein Brainstorming sollte man zeitlich begrenzen (maximal 20 bis 30 Minuten), da meine Erfahrung gezeigt hat, dass wir ab einem gewissen Punkt zu Wiederholungen neigen. Dennoch sollte der Zeitraum lang genug sein, um auch Neues entwickeln zu können, nachdem das Bekannte und Vertraute, das wir als erstes abrufen, abgefragt wurde.

Bei einem Brainstorming gilt es, Pausen auszuhalten. Sobald das Thema und die Fragestellung klar sind, sprudeln die ersten Ideen nur so heraus. Sobald diese Welle durch ist, wird es still.

TIPP: An dieser Stelle sollte die moderierende Person nicht abbrechen, sondern abwarten, was passiert. Meist kommen noch ein oder zwei sehr spannende und konstruktive Impulse.

Auch beim Brainstorming gilt: Ergebnisse für alle sichtbar aufschreiben!

Brainstorming-Regeln

1. Jeder Beitrag ist wichtig (auch seltsame/besonders abwegige Ideen)
2. Urteilen ist nicht erlaubt (Wir urteilen nicht über andere. Wir zensieren nicht uns selbst. Wir bewahren unsere [kritischen] Gedanken dazu für einen späteren Austausch.)

Wichtig: eine Zeit festlegen, z. B. 20 Minuten

Für die Moderation gilt:

- die Zeit im Blick behalten
- alle Teilnehmenden aktivieren und motivieren
- keine wertenden Kommentare abgeben
- Pausen aushalten und abwarten
- in ruhigeren Phasen die Fragestellung wiederholen

Eine Alternative zum Brainstorming ist das *Brainwriting*. Hier gilt es, zunächst die Gedanken und Ideen alleine für sich aufzuschreiben. Es gibt dann mehrere Möglichkeiten, mit den Ergebnissen umzugehen. Entweder sammelt die Moderation die Ergebnisse ein und heftet sie an die Wand – dann entsteht eine neue Runde mit Ideensammlungen, die im Idealfall inspiriert ist von den angehefteten Ergebnissen (an dieser Stelle kann man natürlich auch in ein mündliches Brainstorming übergehen). Oder man gibt die Papiere reihum weiter und ergänzt die Ideen der Kolleg*innen schriftlich.

Die Vorteile des Brainwritings sind eine größere Anonymität und eine Gleichwertigkeit. Im Brainstorming können die ersten Beiträge (der meist dominierenden, lauten Personen) den Ton derart vorgeben, dass sie den Verlauf der Ideensammlung stark beeinflussen können. Brainwriting kann eine praktische Methode sein, damit eingefahrene Teams und Abteilungen oder Gruppen, die sich nicht gut kennen oder die noch kein Vertrauen aufgebaut haben, in kurzer Zeit vielfältige Impulse abholen können. Ein Nachteil: Es lässt weniger Raum für die gegenseitige Inspiration, sofern im Nachgang die Phase des gegenseitigen Vorstellens der Ideen zu kurz gehalten wird

Karten-Cluster

Eine andere einfache Methode, verschiedene Gedankengänge abzufragen und festzuhalten, ist die Arbeit mit Moderationskarten.

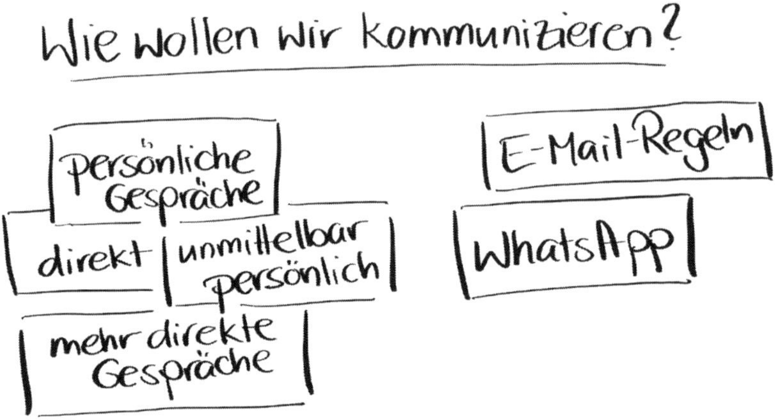

Arbeit mit Moderationskarten

Diese kann man auch selbst herstellen, indem man zum Beispiel weißes oder buntes DIN-A4-Papier drittelt.

Wenn man Moderationskarten zum Sammeln von Ideen nutzen möchte, ist es ratsam, jeweils nur ein Thema, eine Frage oder Aussage pro Karte aufzuschreiben. Das macht den Charme der Arbeit mit Moderationskarten aus.

Wenn man in Kleingruppen Ideen sammelt und sie im Plenum vorstellt, doppeln oder ähneln sich häufig einige der Gedanken. Dadurch kann man sehr schnell inhaltliche Cluster mit eigenen Oberüberschriften bilden und man bekommt zügig einen sortierten Überblick (s. obige Grafik »Arbeit mit Moderationskarten«).

Ein Hinweis: Doppelte Karten sollten nicht automatisch aussortiert werden. Sie zeigen die Interessen und Prioritäten innerhalb der Gruppe. Alleine die Anzahl ähnlicher und gleicher Karten kann eine wunderbare Priorisierungsmethode sein – man beginnt mit dem, was die meisten aufnotiert haben. Dennoch würde ich das nicht grundsätzlich zur Regel machen, denn beim Blick auf das gesamte Ergebnis könnte sich herausstellen, dass die Lösung zum Thema mit den meisten Karten eigentlich in der Bearbeitung einer ganz anderen Karte liegt. Dazu ein Beispiel: Alle wünschen sich mehr Austausch und Feedback und wollen einen regelmäßigen persönlichen Kontakt mit der Führungskraft. Als Lösung führt man das strukturierte Führungsinstrument der Mitarbeitenden-Gespräche ein, oder die Büros werden so aufgeteilt, dass die Führungskraft näher am Tagesgeschehen ist.

TIPP: Die Ergebnisse besprechen, das Augenscheinliche benennen und dennoch dafür zugänglich sein, gemeinsam mit der Gruppe einen ganz anderen Weg zu gehen.

Mindmap oder visuelle Beziehungsbilder

Mithilfe von Visualisierungen, in denen die Beziehungen in einem Problemfeld aufgezeichnet oder anderweitig grafisch dargestellt werden, können komplexe Sachverhalte auf erstaunlich simple Art zergliedert und aufgelöst werden. Ob nun über eine Mindmap (S. 108), auf einem großen Flipchart-Papier oder realen physischen Aufstellern im Raum – die Visualisierung ermöglicht, die Mehrdimensionalität von Zusammenhängen »auf einen Blick« erkennbar zu machen und offenbart erste Ideen, wo Lösungsansätze liegen könnten. Visualisierungen dienen dazu, sich der Komplexität eines Problems bewusst zu werden und es mit Abstand zu betrachten, was in einer hitzigen Debatte, komplexen Konfliktsituationen oder bei emotional aufgeladenen Themen durchaus erholsam sein kann. Diese Methode hilft, sich von den Dingen ein Stück weit zu distanzieren, um wieder klare Gedanken zu fassen, sich bewusst zu positionieren und über Emotionen und ihre Auswirkungen leichter in einer Gruppe reden zu können.

Sich gegenseitig zuhören

Sollte eine Visualisierung nicht angemessen sein oder der Zielgruppe nicht entsprechen, ist das bereits erwähnte Im-Kreis-

Mindmap

Sprechen in aufgeladenen Situationen sehr empfehlenswert (s. S. 81 ff.). Jede*r kommt an die Reihe, spricht explizit aus der eigenen Wahrnehmung und Weltsicht, ohne Vorwürfe, nur aus dem eigenen Erleben heraus. Alle hören einander zu und Diskussionen bleiben aus. Man sollte dafür genügend Zeit einplanen, um allen das Gefühl zu geben, dass jeder Gedanke wichtig ist.

Im Anschluss sollte eine Pause folgen, vielleicht sogar eine Vertagung auf einen nächsten Termin, um das Gesagte verdauen zu können und nachwirken zu lassen. Manchmal passt es nicht, etwas aufzuschreiben. In diesem Fall geht es dann nicht um konkrete Ergebnisse, sondern um die Beziehung untereinander und den Vertrauensaufbau. Es kann allerdings durchaus eine Gedankenstütze sein, am Ende abzufragen: »Was soll ich als Kern-Erkenntnis festhalten?« Oder die Gruppe startet im Anschluss in Kleingruppen mit Fragen wie: »Was ist eine neue Erkenntnis für mich?«, »Was war mir vorher nicht bewusst?«

Kleingruppen als Methode

Größere Gruppen sollte man vor der Bearbeitungsphase in Kleingruppen aufteilen. Die Anzahl der Personen in einer Kleingruppe hängt von der Grundgröße der Gesamtgruppe ab, dem zeitlichen Rahmen und der Zielsetzung. Bei größeren Gruppen von 50 bis 80 Teilnehmenden können Kleingruppen von etwa 10 bis 15 Personen gebildet werden; 10 bis 15 Anwesende können in zwei bis drei Arbeitsgruppen eingeteilt werden.

Ein Hinweis: Paare sind keine Gruppe, zumindest aus meiner Sicht, da sich in Paarkonstellationen eine andere Intimität entwickelt.

Kleinere Gruppen sind immer dann sehr hilfreich, wenn es um sensible Themen geht, wenn große hierarchische Unterschiede vorhanden oder viele dominante Redner*innen in der Runde vertreten sind. Ziel ist es, auch leisere, schüchternere Stimmen zu Wort kommen zu lassen und das Wissen aller Teilnehmenden zu nutzen, was in einer Kleingruppe meist besser funktioniert. Dies bedeutet nicht, dass wir nicht auch in großen Foren miteinander in Austausch gehen, nur ist das anschließende Plenum nach der Kleingruppenarbeit eher ein Raum, um die Ergebnisse zu teilen und weitere Schritte zu erarbeiten bzw. konkrete Aussagen zu treffen.

Schweigen und Pausen

Ich setze in der vierten Phase bewusst Schweigepausen ein, weil dies die Arbeit einer Gruppe insgesamt beschleunigt. Zum Beispiel bitte ich die Gruppe um ein kurzes Innehalten oder lege eine Zwei-Minuten-Pause zum Kaffeeholen oder für den Toilettengang ein mit der Bitte, nicht in Austausch zu gehen, damit beispielsweise während einer Diskussion Gedanken verdaut und neu sortiert werden können. (In einer Online-Konferenz bietet sich eine zwei- bis fünfminütige Bildschirmpause an.) Im Anschluss fordere ich die Gruppe zu einer Runde Sprechen im

Kreis auf, um den Stand der Gedanken abzufragen. Eine andere Möglichkeit ist die stumme Bewegungspause; körperliche Bewegung (z. B. Ausschütteln/Ausklopfen der Arme und Beine; schweigend ein paar Minuten im Raum herumgehen; Einladung zu gemeinsamen Bewegungsübungen in Stille etc. – je nach Gruppe) bringt auch die Gedanken in Bewegung.

Bewusst eingesetzte Stillephasen helfen, einen Austausch oder eine Diskussion auf einer anderen Ebene wieder anzusetzen. Sie sind eine Mini-Version von »Ich schlafe eine Nacht drüber«. Denn in den stummen Pausen arbeitet das Gehirn weiter, meistens sortieren sich Dinge oder neue Erkenntnisse entstehen, die sonst vom kontinuierlich neuen Input verdrängt würden.

Vielredner*innen

In Gruppen, die neu zusammenkommen, sind die Redeanteile oft sehr unterschiedlich. Sobald wir miteinander arbeiten und das Vertrauen entsteht, dass jede*r gehört wird, bremsen sich viele Redner*innen von selbst oder begrenzen ihre Redebeiträge: »Das reicht für den Moment. Zu dem anderen Thema sage ich später etwas.«

Am Anfang fühlt es sich oft wie ein Kampf um Redeanteile an, mit dem Ziel, sämtliche Aspekte und persönlichen Befindlichkeiten kundzutun – ob sie nun thematisch passen oder nicht. Eine gute Moderation kann dies verhindern. Als Moderator*in versuche ich von Anfang an, die Menschen und ihre Beiträge zu schätzen, indem ich ihnen Strukturen biete, klare Regeln vermittle und damit auch geschützte Räume ermögliche, in der Hoffnung, dass sich alle entspannen und in Ruhe sachlich und konstruktiv miteinander arbeiten können. Oft hilft an dieser Stelle eine klare Agenda, bei der ich ihnen inhaltlich und zeitlich genau sagen kann, wann der angebotene Redebeitrag passt.

Falls sich die Rededynamik nicht von selbst anpasst, kann man folgende Regeln einführen: Vielredner*innen unterbricht man entweder mit einem vorher festgelegten Wort, einer direkten Ansprache oder Geste (s. Kasten unten »Moderationstipps bei Vielredner*innen«) oder man bestimmt vorher beim Check-in eine*n »Achtgeber*in« (s. S. 61 f.), die*der einen kurzen Hinweis gibt. Ein unterhaltsames Mittel ist ELMO (»Enough, let's move on« = Genug, lasst uns weitermachen), was man nicht nur laut sagen kann, sondern auch als rote Stoffpuppe aus der Sesamstraße einführen kann. Eine Regel könnte auch sein, dass Leitungspersonen weniger Redeanteile bekommen oder als Letzte in der Reihenfolge dran sind. Und/oder man achtet insbesondere auf die Anteile der verschiedenen Abteilungen, so dass beispielsweise auch die meist eher zurückhaltenden Personen aus Technik und Verwaltung oder auch Hospitant*innen/Praktikant*innen zu Wort kommen.

Moderationstipps bei Vielredner*innen

- mit Namen ansprechen und dadurch zum Aufhorchen bringen
- Körpersprache einsetzen, z. B. durch eine klare Handgeste, um darauf hinzuweisen, dass Sie als Moderator*in jetzt das Wort ergreifen wollen
- Redebeitrag wertschätzen: »Das ist ein ganz wichtiger Punkt.«, »Ein sehr gutes Beispiel.«, »Vielen Dank für diesen Beitrag.«
- Ich-Botschaften: »Ich konnte gerade nicht so schnell folgen und möchte an dieser Stelle zusammenfassen.«
- Stimmungsbild reihum abfragen (wie beim Check-in). »Was sind eure Gedanken dazu?«

5. Phase: Planen

Nachdem der Raum in der vierten Phase des Moderationszyklus geöffnet wurde, die Themen gesammelt, erörtert und in der Tiefe besprochen wurden, geht es nun darum, diese vielfältigen Stränge wieder zusammenzuführen, zu konvergieren (s. S. 75 ff.). Viele Sitzungen und Gespräche enden nach der vierten Phase und die Teilnehmenden gehen aus der Besprechung mit dem Gefühl: »Ja, und nun? Wie geht es weiter?«

Deshalb ist die folgende Phase so wichtig, um nachhaltig zu Ergebnissen zu kommen. Den weitverzweigten, bunten und oft gegensätzlichen Strauß an Gedankengängen und Ideen gilt es zu priorisieren, mit Entscheidungen zu versehen oder zumindest so zu sortieren, dass nächste Schritte geplant werden können.

Diese Phase dient dazu, ins aktive Handeln zu kommen. Dafür braucht es eine klare Strategie und verbindliche Regelungen.

Fokus der Gruppe ändern – auf die nächsten Schritte

Für den Übergang in die nächste Phase gilt es nun, den Fokus der Gruppe zu verändern. Die eher offene, suchende, erörternde Haltung aus der vierten Phase sollte sich in eine sortierende, priorisierende und begrenzende präzise Haltung wandeln. Denn: Alles schafft man nicht. Nun geht es um den Realitätscheck: Was können wir als Nächstes tun und in welcher Reihenfolge? Was müssen wir noch verschieben oder möglicherweise erst einmal völlig außer Acht lassen? Während in der vierten Phase alles gleichzeitig denkbar und möglich sein und auch visionäre Züge annehmen kann, findet hier nun die strategische, realistische Umsetzungsplanung statt.

Ein einfacher Weg der Fokusveränderung ist eine kurze Pause. Ein anderer ist ein moderierender und lenkender Satz wie: »Lasst uns einen Schritt zurücktreten und das Ganze nochmals im Überblick betrachten: Was sind die drei wichtigsten Erkenntnisse?«

Oder: »Wenn ihr euch das anschaut, was sind die drei wesentlichen Punkte, denen wir uns nun widmen sollen?« Auch hier ließe sich wieder priorisieren: »Womit starten wir?«

Gibt es aus der Gruppe Einwände, die mit »Ja, aber so leicht ist das nicht« beginnen, dann sollte man Folgendes erwidern: »Was könnten wir konkret probieren? Es muss noch nicht perfekt sein.«

Entscheidend an dieser Stelle ist weniger, wie ein nächster Schritt aussieht, sondern die Tatsache, dass ein nächster Schritt festgehalten wird und damit auch Zugwirkung entfaltet. Hier gilt es Handlungsfragen zu stellen, mit großer Betonung auf tätige Verben (»Was *tust* du bis nächste Woche?«), damit im Anschluss auch tatkräftige Aussagen herauskommen: »Bis nächste Woche *lade* ich zu einer Besprechung ein, *mache* ich eine Liste, *schreibe* ich eine E-Mail, *schlage* ich euch drei Optionen für Scheinwerfer *vor*…«

TIPP: Es genügt völlig, zwei bis drei wesentliche Punkte auszuwählen. Die Wahrscheinlichkeit ist damit groß, dass der eine oder andere auch wirklich angegangen wird. Zudem ist es systemisch betrachtet sinnvoll, erst einmal zu sehen, was diese Impulse im gesamten System bewirken, bevor man einen großen Plan entwirft, der in kürzester Zeit aufgrund der Reaktion darauf überholt ist (s. »Gefährdungsbeurteilung psychischer Belastungen«, S. 194 ff.).

Prioritäten setzen bei der Umsetzung – wichtige Dinge angehen

Welche Punkte wir am Ende auswählen und damit für die Umsetzung in der Praxis priorisieren, ist gar nicht so einfach. Im hektischen Theateralltag sind oft viele Dinge dringlich und sollten sofort erledigt werden.

Dem ehemaligen US-Präsidenten Dwight D. Eisenhower wird folgendes Zitat zugeschrieben: »I have two kinds of problems, the urgent and the important. The urgent are not important, and the important are never urgent.«* Die Grundidee des »Eisenhower-Prinzips« ist eine gezielte Kategorisierung von Aufgaben (wichtig und dringend / wichtig, aber nicht dringend / nicht wichtig, aber dringend / weder wichtig noch dringend). Es hilft, Prioritäten richtig zu setzen.

Beispielsweise wären Produktionsnachgespräche (s. S. 254 f.) sehr wichtig, um Feedback zu geben und Prozesse und Abläufe weiterzuentwickeln. Doch die dringlichen Herausforderungen der nächsten Produktionen rauben die Zeit in der Dispo. Natürlich gibt es Themen, die wichtig *und* dringend sind, beispielsweise ob die kranke Sängerin in der Abendvorstellung kurzfristig ersetzt werden kann. Diese haben Vorrang und sollten auch sofort angegangen werden. Es gibt allerdings auch dringende, nicht wichtige Dinge, die man an kompetente Mitarbeitende oder Kolleg*innen delegieren kann.

Erstaunlicherweise verbringen viele von uns Zeit mit Tätigkeiten, die weder wichtig noch dringend sind, weil sie oft leicht zu lösen sind und uns das gute Gefühl geben, etwas geschafft zu haben – auf lange Sicht ein Trugschluss. Durch die richtige Priorisierung hat man einen guten Überblick über alle anstehenden Themen und man arbeitet effizienter. Im Idealfall verbringt man die meiste Zeit mit wichtigen Dingen, die noch nicht ihre Dringlichkeitsstufe erreicht haben, und kann damit in Ruhe auch große Berge bewältigen, ohne in den Stressmodus zu verfallen.

Verbindlichkeit schaffen mit *smarten* Zielen

Nicht nur das Priorisieren ist in dieser Phase bedeutsam. Die Dinge müssen auch verbindlich umgesetzt werden. Dazu versucht man, die Ziele und Verabredungen sowohl *smart* zu formulieren (s. Grafik »*Smarte* Verabredungen treffen«) als auch eine verantwortliche Person und einen festen Zeitrahmen zu

* S. Wikipedia-Eintrag »Eisenhower-Prinzip«.

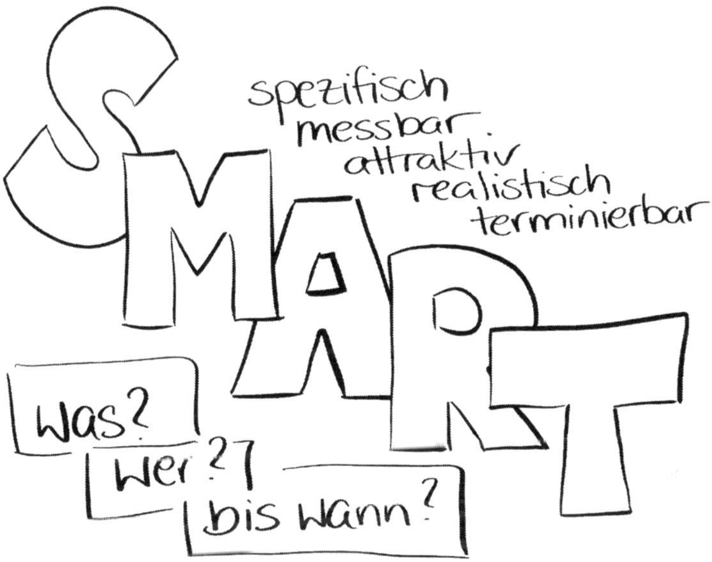

Smarte Verabredungen treffen

bestimmen. Dieser sollte auch so fest und verbindlich sein, wie es der englische Begriff »deadline« suggeriert. Wird er nicht eingehalten, wabern Dinge wie »Zombie-Themen« unerledigt herum und sorgen unter den Mitarbeitenden immer wieder für Unruhe (»Wir hatten doch mal …«, »Wer wollte noch …«, »Was ist eigentlich aus … geworden?«). In einem Workshop wurden sie auch »Schwarze Löcher der Kommunikation« genannt – ein Thema fällt hinein und wurde nie wieder gesehen.

Smart wäre zum Beispiel folgende Vereinbarung: »Ich treffe mich am Montag um 10 Uhr mit dir, um den Umfang deiner neuen Aufgabe und alle Fragen, die du dazu hast, zu besprechen. Dafür plane ich zwei Stunden ein.« Wenn wir das Akronym *smart* nutzen, so wäre es ein *spezifischer* und *messbarer* Auftrag – den Umfang der neuen Aufgabe und die Fragen zu klären –, *attraktiv*, weil ich eine klare Aufgabenbeschreibung bekomme und meine Arbeit machen kann, sowie *realistisch* und *terminierbar* (durch Festlegung der Dauer bzw. konkrete Terminierung).

Gerne liefern Gruppen Ergebnisse, die sich wie folgt anhören: »Wir brauchen eine bessere Kommunikation, eine zuverlässigere Meetingstruktur, ein wertschätzenderes Miteinander, mehr Sichtbarkeit in der Stadt etc.« Es ist kein Wunder, dass diese Ergebnisse in der Schublade landen, da sie nichts Konkretes definieren. Was genau bedeutet eine bessere Kommunikation? Woran mache ich diese fest? Und vor allem: Was muss ich dafür tun?

Je präziser die Handlungsanweisung ist, desto wahrscheinlicher wird sie umgesetzt und desto deutlicher ist es auch, wer diesen Auftrag ausführt und wer die Verantwortung trägt.

Daher ist es auch zwingend notwendig, Namen bei den Aufgaben zu notieren und damit eine Zuständigkeit zu definieren. In einigen Fällen gibt es Themen, die so unangenehm sind, dass sie gerne weitergeschoben werden: »Das müsste Abteilung X klären.«

Eine Regel hinsichtlich der Zuständigkeit: Wir können sie niemandem, der nicht anwesend ist, in die Schuhe schieben. Es braucht eine Person aus der Gruppe, die gerade an der aktuellen Sitzung teilnimmt, die die Aufgabe an die entsprechenden Verantwortlichen delegiert. Deshalb frage ich als Moderatorin in einer solchen Situation immer: »Wer teilt diese Aufgabe der Abteilung X mit und fragt, ob sie sie annehmen will?« – es sei denn, es ist eine Anweisung der Führungskraft. Sollte die Abteilung sie nicht annehmen, wird die offene Aufgabe wieder in die Gruppe zurückgespielt und es muss ein anderer Weg gefunden werden. Genau an dieser Stelle entsteht Selbstverantwortlichkeit.

Die entscheidende Gruppenregel in Phase 5 lautet: Jede Aufgabe hat eine*n Pat*in.

Entscheidungen treffen

Entscheidungen zu treffen, stellt häufig ein großes Hindernis dar. Auch in einem stark hierarchischen System fällt es Führungskräften durchaus schwer, Anweisungen zu erteilen und Beschlüsse zu fassen. Spätestens in dieser Phase sollten aber konkrete Entscheidungen gefällt werden.

Es ist immer besser, eine Entscheidung zu treffen als gar keine. Denn die Entwicklung kann weitergehen, möglicherweise muss man zurückrudern, doch aus Fehlentscheidungen ergibt sich immer ein Erkenntnisgewinn, der ohne die Entscheidung nicht vorhanden gewesen wäre. Entscheidungen führen zu Lernschritten oder eben Feedback, vor allem auch, wenn man das Wissen einer ganzen Gruppe oder gar eines Hauses einbezieht (s. Großgruppenformate, ab S. 203). Für diejenigen, die Gruppenentscheidungsprozesse nicht kennen und noch nie miterlebt haben, kann die Vorstellung beängstigend sein, sich so viele unterschiedliche Meinungen anhören und daraus eine allgemeingültige Entscheidung ableiten zu müssen. Deshalb gibt es mittlerweile ausgefeilte pragmatische Methoden, die sehr wirksam sind und die in einem eigenen Kapitel ausführlich beschrieben werden (s. »Entscheidungen«, ab S. 126).

Mit Entscheidungen wachsen – die nächsten Schritte setzen

Wir tun uns schwer, wichtige Entscheidungen zu treffen. Möglicherweise konnten nicht alle Perspektiven eingeholt werden oder die Sorge vor der Enttäuschung der anderen ist groß. Wir haben Angst vor den Konsequenzen und der Verantwortung und setzen uns ungern den Emotionen unserer unmittelbaren Mitmenschen aus. Im Kollektiv Entscheidungen zu treffen, scheint daher völlig unmöglich und umständlich.

Dazu einige Gedanken: Wir wandeln und entwickeln uns ständig. Wir können nie wirklich wissen, was richtig oder falsch ist, auch eine für uns vermeintlich falsche Entscheidung nimmt Einfluss auf viele Dinge und bewirkt möglicherweise sogar Gutes. Meiner Erfahrung nach geht es nicht darum, die richtige Entscheidung zu finden, sondern nach und nach gute Erfahrungen mit dem Entscheidungsprozess an sich zu machen, ein Gespür dafür zu entwickeln und sicherer und mutiger zu werden. Entscheidungen zu treffen ist auch eine Frage der Übung.

In dieser fünften Phase des Moderationszyklus ist es vor allem wichtig, terminierte, inhaltlich klar umrissene und mit zuständigen Personen versehene Tätigkeiten zu definieren, um den Erörterungsraum der vierten Phase in eine Umsetzungsdynamik zu wandeln.

6. Phase: Den Rahmen schließen und Check-out

Moderator*innen haben in dieser Phase die Aufgabe, das Treffen zu einem guten Abschluss zu bringen. Außerdem müssen sie dafür sorgen, dass die Ergebnisse des Meetings dokumentiert werden.

Meist beginne ich mit einer Zusammenfassung und frage ab, ob alle offenen Punkte festgehalten wurden, wer sich um das nächste Treffen kümmert etc. (s. »Checkliste Moderationsablauf«, S. 119 f.). Der weiterführende Prozess soll allen nochmals klar vor Augen geführt werden.

Im Anschluss beende ich dann die Runde auf der emotionalen Ebene mit einem *Check-out*. Ähnlich wie beim Check-in ist am Sitzungsende eine kurze Blitzlichtrunde hilfreich, um ein aktuelles Stimmungsbild zu bekommen, mit Fragen wie: »Was möchtet ihr noch mitteilen? Was bewegt euch gerade?«

Diese Phase kann auch die Gelegenheit bieten, über die Art und Weise des Meetingverlaufs zu reflektieren, und zwar als eine Feedback-Runde, die mit Fragen eingeleitet werden kann wie: »Was hat euch gefallen? Was möchtet ihr beim nächsten Mal anders machen?« Leisere Stimmen oder verhaltene Teammitglieder haben hier noch einmal die Möglichkeit, zu Wort zu kommen.

Im Kern ist der Check-out auch ein Verabschiedungsritual, er sorgt für einen guten und runden Abschluss einer gemeinsamen Arbeitsphase. Er bietet Raum für eine Danksagung an alle Teilnehmenden, für deren Offenheit und Mitarbeit und für den gemeinsamen Austausch. Eine aktive Gestaltung der Abschlussphase sorgt auf inhaltlicher Ebene für einen geordneten Überblick und Gewissheit, wo Teammitglieder mit welchen Themen und Aufgaben gerade stehen; auf emotionaler Ebene kann die Abschlussrunde motivieren und durch eine gegenseitige Willensbekundung den Teamgeist fördern.

Checkliste Moderationsablauf

Die folgende Checkliste fasst alle wichtigen Fragen und Punkte zum Moderationsablauf noch einmal zusammen.

Checkliste Moderationsablauf

- Im Vorfeld: Moderator*in, Protokollschreiber*in und sonstige Rollen bestimmen, Themen einholen, Agenda herumsenden, alle Entscheidungsträger*innen einladen, Moderationsmittel checken (Flipchart, Stifte, Klebezettel etc.)
- Einstieg: Begrüßung, Ziel des Meetings klären (Worum geht es? Sind die zuständigen Kolleg*innen/Entscheidungsträger*innen anwesend?)
- Check-in: Ankommen und Einschwingen, erstes Stimmungsbild reihum (Im-Kreis-Sprechen) abfragen – alle sind dabei präsent und geistig anwesend: »Wie geht es dir gerade?/Wie bist du hier?«, oder mit Fragen einsteigen, die sich bereits auf das kommende Thema beziehen (Beispiele s. S. 90).

- Thema/Themen und Agenda erläutern und ggf. neue, dringliche Themen aufnehmen und nach Priorität und Geschwindigkeit sortieren; ggf. schnell zu erledigende Anliegen zuerst, um früh Erfolgserlebnisse zu erzielen
- Die To-dos der letzten Sitzung durchgehen (ab der zweiten oder bei wiederkehrenden Sitzungen)
- Moderationszyklus (Schritte 2–5, ggf. Themen-Bearbeitung in Kleingruppen)
- Entscheidungsprozess: Entscheidungsformat auswählen (z. B. Konsent-Entscheid, anonyme Umfrage etc., s. S. 135 ff.), Ergebnisse visualisieren (s. auch »Entscheidungen«, ab S. 126)
- Themenspeicher für offene Themen festhalten
- Terminvereinbarungen, Ergebnisse dokumentieren, Kommunikationskanäle klären (s. S. 163)
- Rollen für das nächste Treffen festlegen (Wer übernimmt die Organisation, Moderation, das Protokoll?)
- Agenda für das nächste Meeting vorbereiten
- Check-out: Zusammenfassung (inkl. klarer Aufgabenverteilung), Stimmungsbild abfragen: »Wie geht es dir gerade? Was war gut? Was sollten wir beim nächsten Meeting ändern?«, Feedback zur Veranstaltung, bei regelmäßigen Terminen Verbesserungsvorschläge, Verabschiedung und Dank

Besonderheit: Online-Treffen

Eine der großen Errungenschaften der anstrengenden zwei Jahre im pandemischen Ausnahmezustand sind die Online-Konferenzen, Online-Besprechungen und Online-Workshops. Während es vor der Pandemie nahezu undenkbar war, eine Besprechung, geschweige denn einen Workshop online anzubieten, hat sich dies nun grundsätzlich geändert.

Die meisten präferieren nach wie vor Live-Veranstaltungen. Dennoch möchte ich an dieser Stelle eine Lanze brechen für ein neues Arbeiten mit beiden Formaten und den Wunsch aussprechen, dass die Online-Meetings nicht grundsätzlich über Bord geworfen werden.

Hierfür gibt es verschiedene Gründe:

Online-Besprechungen sparen Zeit. Viele Meetings am Theater sind organisatorischer Art. Oftmals sind sie auch mit Tätigkeiten verbunden, für die es hilfreich ist, am Rechner zu sitzen oder Dokumentationen gleich ablegen zu können. Zudem sind in vielen Häusern die Wege lang und viel Zeit vergeht, um von einem Ort zum anderen zu gelangen. Es gibt auch Häuser mit verschiedenen externen Standorten, hier sparen Online-Treffen nicht nur Zeit, sondern auch Fahrtkosten, was ein großer Nachhaltigkeitsbonus ist.

Voraussetzung ist natürlich eine stabile Internetverbindung im ganzen Haus. Und alle müssen mit mobilen Endgeräten ausgestattet werden. Die gesparte Zeit könnte man dann – gemäß der Aufteilung der Besprechungen (s. S. 44 ff.) – in Live-Treffen investieren, die bewusst Raum für das Zwischenmenschliche lassen.

Aktiveres Zuhören. Obwohl es immer besser ist, sich bei konfliktgeladenen Themen in persona zusammenzusetzen, funktionieren Online-Formate erfahrungsgemäß sehr gut bei der Klärung von Konflikten oder sensiblen Themen. Die Distanz zum Bildschirm lässt ein wenig den Verfremdungseffekt wirken, wir bleiben uns der Künstlichkeit der Situation bewusst. Es gibt eine klare Funkdisziplin, wir können nicht jederzeit reingrätschen, weil wir dann gar nichts mehr hören. Auch die Leiseren kommen zu Wort, weil sie mit der gleichen »Lautstärke« ihre Hand heben können oder Programme die Reihenfolge der Redner*innen vorgeben.

Gerade für die Analyse-Phase von komplexen Konfliktsituationen haben sich für mich die Online-Formate als äußerst hilfreich herausgestellt. Vor allem, wenn es darum geht, erst einmal die verschiedenen Perspektiven wahrzunehmen. Online-Formate unterstützen das aktive Zuhören. Der große Vorteil ist auch, dass wir nicht auf die Nebengeräusche und Stimmungen im Raum reagieren und abgelenkt werden, sondern ganz aus uns selbst heraus sprechen können – und zwar fokussiert und in einem sicheren Rahmen (von zu Hause aus oder aus dem eigenen Büro). Vertiefende Gespräche können später in Präsenz geführt werden.

Rededisziplin üben. In einem Haus hatte ich eine Moderation online begonnen und das Ensemble war äußerst diszipliniert im Umgang miteinander. Als wir uns dann live trafen, entstand eine lebendige Gruppendynamik, bei der ich immer wieder Disziplin einfordern musste. Die Online-Erfahrung kann ein gutes Lernmoment sein, Rededisziplin zu üben.

Gäste mit ins Boot holen. Externe Bühnenbildner*innen, Kostümbildner*innen oder auch Gast-Regisseur*innen können sich von Beginn an zu relevanten Sitzungen dazuschalten, um viele Fragestellungen frühzeitig zu klären. Der Aufwand ist geringer und es spart zum Beispiel Reisekosten. Gerade die Gewerke beklagen sich oft über zu knappe Besprechungszeiten und die unklaren Angaben in den skizzierten Dokumenten, die von den externen Kunstschaffenden gesendet werden. Wie einfach wäre da eine Online-Konferenz mit einem geteilten Bildschirm, über den vieles geklärt werden kann.

Dokumente lassen sich leichter teilen. Wenn eine Gruppe gemeinsam an Dokumenten arbeiten möchte oder viele Folien, Präsentationen und Textarbeit nötig sind, ist möglicherweise eine

Online-Konferenz einfacher. Alle haben Zugriff zu einer Datei und können Änderungen unmittelbar mitverfolgen.

Kommunikation auf Augenhöhe und eine neue Form der Begegnung. Oft sind wir bei einer Videokonferenz, trotz aller Künstlichkeit, mit allen anderen unweigerlich auf Augenhöhe. Auch die mächtigste Person kann ihre herausgehobene Position vor einem PC nicht sonderlich demonstrieren. Je nachdem kann durch dieses Format auch die Hemmschwelle, sich vor der Leitung zu Wort zu melden, geringer sein. Entscheidungen können u. a. durch verfügbare Abstimmungstools effizienter und anonym getroffen werden.

Darüber hinaus kann eine Online-Veranstaltung – beispielsweise bei Tanzensembles – auch eine einfache Intervention sein, um aus gewohnten Mustern auszubrechen, sich neu zu begegnen und zu erleben. Mittlerweile gibt es auch Videokonferenz-Systeme mit eingebauter Übersetzungsfunktion, was auch für multikulturelle Ensembles und Menschen mit Hörschwierigkeiten interessant sein könnte.

Handgesten in Gruppen festsetzen. Nützlich als Reaktionsmöglichkeiten bei Videokonferenzen sind Icons wie die klatschenden Hände, Daumen hoch etc. Auch im Live-Bild können wir diese meist aus der Gehörlosensprache übernommenen Gesten nutzen, wie beide Hände hochhalten und drehend wedeln (= Klatschen). Dies hilft allen Beteiligten, ein unmittelbares Stimmungsbild zu bekommen. Ein anderes Mittel ist bei bestimmten Themen im Chat »+1« zu nutzen, um gleich die eigene Unterstützung zu signalisieren und nicht jedes Mal wieder sagen zu müssen: »Auch zu diesem Thema bin ich der gleichen Meinung wie XY.« Das spart Zeit und erleichtert den Fluss des Meetings. Einige dieser Gesten oder Verabredungen lassen sich auch ins Analoge übertragen.

Tipps und Anregungen für die Arbeit mit dem Moderationszyklus

- Der Moderationszyklus ist ein wirksames Hilfsmittel, ein praktischer roter Faden, der viel Halt gibt. Und dennoch: Bleiben Sie flexibel. Wenn Sie gut mit der Gruppe verbunden sind, werden Sie spontan wissen, welcher Schritt nun erforderlich ist.
- Manchmal hilft es, die Teilnehmenden zu bitten, den eigenen Beitrag vorher einzuordnen: »Dies ist jetzt eine Frage/eine Reaktion auf .../ein Vorschlag/ein emotionales Dampfablassen ...«
- Wenn jemand ein bestimmtes Thema vorschlägt, könnte er*sie es auch selbst moderieren. Auf diese Art kann eine lebendige Gesprächskultur entstehen.
- Wenn die ersten Sitzungen nicht ganz zufriedenstellend sind, dranbleiben, es »ruckelt sich zurecht«. Gerade zu Beginn brauchen wir Geduld mit uns selbst und anderen. Vor allem, wenn es viele Ängste gibt.
- Wichtige Dinge mehrfach wiederholen: Hier geht es nicht darum, andere vorzuführen, sondern dafür zu sorgen, dass wesentliche Informationen auch wirklich dort ankommen, wo sie ankommen sollen. Neues muss erst verarbeitet werden und braucht manchmal, bis es ankommt. Deswegen hilft es, wichtige Kernpunkte mehrfach zu wiederholen oder sie zu visualisieren.
- Bei Änderungen im alltäglichen Arbeitsablauf, wenn zum Beispiel Protokolle an einer neuen Stelle abgelegt werden oder Besprechungsstrukturen anders ablaufen sollen, sollte noch eine Übergangs- und Einführungszeit verabredet werden, denn es wird nicht immer alles sofort funktionieren. Man kann auch die Patin oder den Paten (s. S. 114ff.), die*der diese Veränderungsaufgabe bekommen hat, darum

bitten, alle zu Geduld und Verständnis zu ermahnen, wenn es zu Beginn ein wenig ruckelt.

- In der letzten Phase beim Festsetzen von »smarten« Maßnahmen: Seien Sie sehr klar, dass es hier um die Verabredung der Maßnahmen geht, nicht um die inhaltliche Weiterarbeit. Oft erlebe ich in dieser Phase, dass die Themen wieder aufgemacht werden und eine Grundsatzdiskussion angefangen wird, anstelle einfach einen nächsten Termin mit einer verantwortlichen Person anzusetzen. Bleiben Sie streng und unterbinden Sie weitere Diskussionen!
- Sollte sich niemand melden, der*die sich um die Erledigung der Aufgabe kümmert, das Offensichtliche nochmal anmerken: »Wenn sich dafür niemand findet, wird das Thema erfahrungsgemäß unter den Tisch fallen. Ist das in eurem Sinne?«
- Ebenso lässt sich ein Sicherheitsnetz bauen: Was machen wir, wenn die Verabredung schiefläuft? Was ist unser Plan B?
- Reduzieren, reduzieren, reduzieren! Entscheidend ist die Kompetenz der kleinen Schritte. Die Lust auf Veränderung vergeht, wenn wir zu viel auf einmal wollen und fordern. Vor allem gilt es, auch das Positive und Gelungene zu erwähnen und zu loben (s. »Das Positive verstärken, um die Lautstärke des Negativen auszugleichen«, S. 146 f.). Denn nur Kritik zu hören und aufzunehmen, destabilisiert auf Dauer und demotiviert.

Entscheidungen

Derzeit sind kollaborative Prozesse, Teilhabe und kollegiales Arbeiten in aller Munde. Damit einher geht entweder die Erwartung, in alle Prozesse bei Entscheidungen eingebunden sein zu müssen, oder es wird suggeriert, dass wir in alle Prozesse eingebunden sein sollten. Hierzu einige Klarstellungen zu den Begrifflichkeiten: Alle in alles einzubinden, wäre als Vorgehensweise völlig unproduktiv und würde sämtliche Prozesse eher lähmen.* Auch im Bereich der Selbstorganisation werden miteinander ganz klare Regeln abgesteckt, wie Entscheidungsprozesse ablaufen und wer was wie entscheiden kann. Der Unterschied zur Hierarchie liegt lediglich darin, dass wir in der Hierarchie eine Funktion einnehmen, die wir behalten und mit der Entscheidungskompetenzen verbunden sind (z. B. ein Bühnenmeister kann Ansagen machen und Weisungen erteilen). In eher selbstorganisierten Unternehmen können die Funktionen, die benötigt werden, flexibel übernommen und wieder abgegeben werden. Damit scheinen alle immer in alle Entscheidungen eingebunden zu sein, was so nicht der Fall ist. Die Regeln dafür, wer was entscheidet, sind weiterhin vorgegeben, nur kann die Rolle des*der Entscheidenden durchgereicht werden (»Jede*r ist mal Intendant*in.«).

* Aufgrund dieser Vorstellung ist wahrscheinlich die demokratische Theaterbewegung in den 1970er-Jahren gescheitert, auf die ich heute als Gegenargument für Selbstorganisation treffe.

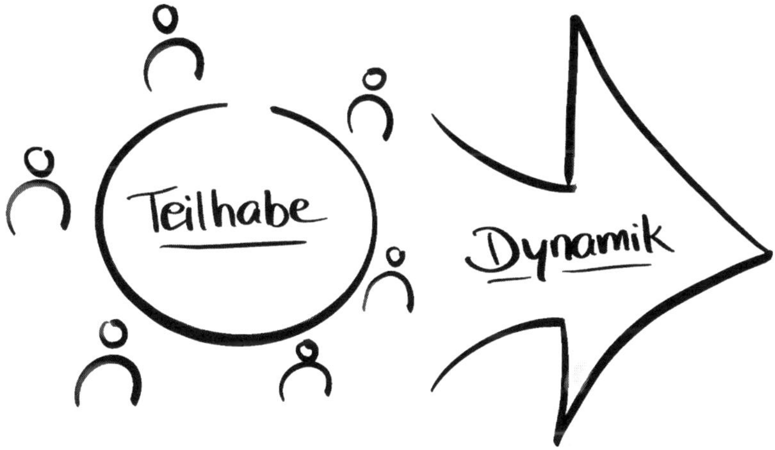

Balance zwischen Teilhabe und Dynamik

Balance zwischen Teilhabe und Dynamik

Wie so häufig geht es auch bei Entscheidungsfindungen um das rechte Maß zwischen Partizipation und Effektivität. Wenn alle bei allem einbezogen sind, wird das Arbeiten ineffektiv. Wenn Einzelne alleine entscheiden, fühlen sich die anderen ausgeschlossen und manchmal fehlen wesentliche Perspektiven oder es entsteht der Vorwurf der mangelnden Wertschätzung und des Machtmissbrauchs.

Während oft autoritäre Entscheidungen bemängelt werden, höre ich mittlerweile häufiger genau das Gegenteil: Jüngere Führungskräfte und junge Regisseur*innen beschreiben, wie sie nicht mehr aus der Feedback-Schleife herauskommen und sozusagen im gefühligen Stuhlkreis gefangen sind.

Zwischen diesen Polen liegt nun die Frage, wie eine Gruppe ihre Entscheidungskultur aufsetzt. Im Alltag kennen wir die Durchmischung bereits: Wie auch bei Führungsentscheidungen, die selten wirklich allein im Hinterzimmer getroffen werden, sondern oft erst nach ausgiebigen Beratungsgesprächen, so müssen auch bei einer Gruppe nicht alle immer bei allen Themen einbezogen sein. Wichtig sind klare Absprachen über den Prozess. Das bedeutet: Wenn eine Entscheidung ansteht, sollte man zunächst miteinander klären, welcher Entscheidungsprozess ansteht beziehungsweise wer in welchem Maße an der Entscheidung beteiligt ist.

Delegationsstufen – oder wie viel Partizipation findet statt?

Die Teilhabe an den Entscheidungen lässt sich leicht und eingängig an dem Modell der Delegationsstufen festmachen. Diese pragmatische Methode führt vor allem in der Kommunikation mit Gruppen zu mehr Klarheit und damit auch zu mehr Effektivität und hoher Selbstwirksamkeit.

Wenn wir über Entscheidungen sprechen, denken wir gerne schwarz-weiß: Entweder ich entscheide oder ich delegiere die Entscheidung vollständig an die andere Person. Aus der Praxis heraus wissen wir, dass das nicht so einfach ist.

Für Jurgen Appelo, den Vordenker in Sachen Management in agilen Organisationen, ist das Delegieren kein einseitiger Akt, sondern ein mehrstufiger Abspracheprozess, der in der folgenden Tabelle dargestellt wird. Auch die Person, an die eine Entscheidung übertragen werden soll, muss mitgenommen werden – gleichgültig, ob die Meister*innen an die Vorarbeiter*innen oder ob wir innerhalb eines gleichgestellten Ensembles gewisse Aufgaben »delegieren« möchten.*

---

* Jurgen Appelo: *Managing for Happiness. Games, Tools, and Practices to Motivate Any Team*, Wiley, Hoboken, New Jersey 2016, S. 66. Jurgen Appelo hat u. a. den Delegations-Poker entwickelt, um mit Karten spielerisch miteinander auszuhandeln, wie weit die Delegation gehen soll.

1. Mitteilen	*Direktiv*: Wir teilen anderen unsere Entscheidung mit.
2. Erklären	*Direktiv*: Wir entscheiden und erklären zusätzlich, warum wir uns so entschieden haben.
3. Konsultieren	*Ich entscheide, doch lasse andere teilhaben*: Wir holen uns Präferenzen ein und entscheiden im Anschluss selbst.
4. Vereinbaren	*Teilhabe*: Wir treffen Entscheidungen gemeinsam.
5. Beraten	*Die anderen entscheiden, doch ich begleite eng*: Wir empfehlen und beraten, überlassen die endgültige Entscheidung den anderen.
6. Übertragen	*Abgeben*: Die Entscheidung sollen die anderen treffen, wir möchten jedoch informiert werden.
7. Delegieren	*Abgeben*: Wir möchten auch nicht mehr informiert werden.

Während die Stufen 1, 2, 6 und 7 relativ eindeutig sind, da die Entscheidungsträger*innen klar benannt werden, sind es die mittleren Stufen, in denen die Grenzen der Partizipation durchlässiger werden, wodurch sehr leicht falsche Erwartungen geweckt werden können, wenn wir nicht klar kommunizieren, wo wir stehen.

Ein typisches Missverständnis ergibt sich beispielsweise, wenn ich als Entscheidungsträgerin von anderen lediglich Feedback zu einem Thema haben möchte (Stufe 3) und die irreführende Formulierung wähle: »Kommt, wir überlegen mal gemeinsam …«. Eine derartige Einleitung verstehen die anderen als eine Einladung zu einer gemeinsamen Entscheidung (Stufe 4). Wenn ich dann aus meiner Perspektive heraus (Stufe 3: Ich entscheide am Ende und konsultiere nur) den Austausch beende und eine

Entscheidung verkünde, kann es passieren, dass die anderen sich überrumpelt und nicht gewertschätzt fühlen und empfindlich reagieren.

Oder wenn ich bei Stufe 5 nicht von Anfang an klarmache, dass ich gerne eng beratend involviert sein möchte und die Entscheidung am Ende nicht selbst treffen will, könnten die Kolleg*innen das Gefühl bekommen, dass ich mit meinem intensiven Engagement in der Sache letztlich doch alles selbst entscheiden will, und sie blocken mein Angebot ab oder bitten mich von vornherein, allein tätig zu werden.

Exkurs: Die Kunst kollaborativer Prozesse in hierarchischen Strukturen – oder was meint »Augenhöhe«?

Kollaborative Prozesse hat es auch in hierarchischen Strukturen immer gegeben. Natürlich haben auch Führungskräfte seit jeher ihre Mitarbeitenden um Rat und Meinungen gefragt, sie haben ihnen auch Verantwortung und Entscheidungen übertragen. Im Zuge des generationalen Wertewandels und des Verlangens nach Teilhabe kommt vermehrt der Wunsch nach »Augenhöhe in der Kommunikation« auf, eine Bezeichnung, hinter der sich viele unterschiedliche Erwartungen verbergen. Wenn man nachfragt, steht hinter diesem Wunsch bei den Mitarbeitenden oft, dass sie nur sichergehen möchten, dass ihre Sichtweisen zu einem Problem gehört werden, ohne jedoch verantwortlich für eine Entscheidung zu sein. Sie möchten von den Entscheidungstragenden konsultiert werden (Stufe 3).

Das Missverständnis nimmt seinen Lauf, wenn eine Leitung, die Augenhöhe ernstnehmen will, Delegation (Stufe 7) anbietet. Das heißt: Sie übergibt eine Aufgabe (inklusive Entscheidung) komplett an eine*n Mitarbeiter*in, ohne das aber explizit zu sagen oder mit ihr*ihm zu besprechen. Sie wundert sich dann, dass die Aufgabe nicht aus- oder weitergeführt wird, und fühlt sich in ihrer Einschätzung bestätigt, dass Augenhöhe nicht funktioniert. Die Mitarbeitenden wundern sich, warum sie nun etwas übernehmen sollen, für das sie (aus ihrer Perspektive – Stufe 3) keine Entscheidungskompetenz besitzen.

Tipps und Anregungen für Führungskräfte

Eine Führungskraft – oder jemand in einer entscheidungsmächtigen Rolle – sollte daher folgende Überlegungen anstellen:

- Wenn von »Augenhöhe« gesprochen wird, welches Bedürfnis steckt dahinter und wie weit geht der Wunsch nach Verantwortung? Meist reicht es aus, die Hintergründe der eigenen Entscheidung darzulegen und zu erklären, warum die Sichtweise der Mitarbeitenden nicht umgesetzt werden kann.
- Bei welchen Entscheidungen wünsche ich mir nur einen Input, ohne die Entscheidungsgewalt aus der Hand zu geben? (Z. B.: »Ich brauche eure Sichtweisen zu einer Entscheidung, die ich treffen muss, und möchte sichergehen, dass ich nicht etwas Wesentliches unbeachtet gelassen habe: Was haltet ihr von xyz? Welche Gedanken habt ihr dazu?«)
- Wann lasse ich bei welchen Beschlüssen die Gruppe in welchem Maße mitentscheiden? (Z. B.: »Ich möchte mit diesem Regisseur arbeiten [= direktive Entscheidung], aber ihr als Ensemble könnt mit ihm ausmachen, welches Stück ihr erarbeiten möchtet [= Gruppenentscheidung].«)
- Bei welchem Thema benötige ich erst ein Brainstorming meines Teams, um dann in eine Entscheidungsphase zu kommen? (Z. B.: »Welche Künstler*innen oder Themen findet ihr für unsere weitere künstlerische Entwicklung spannend?«)

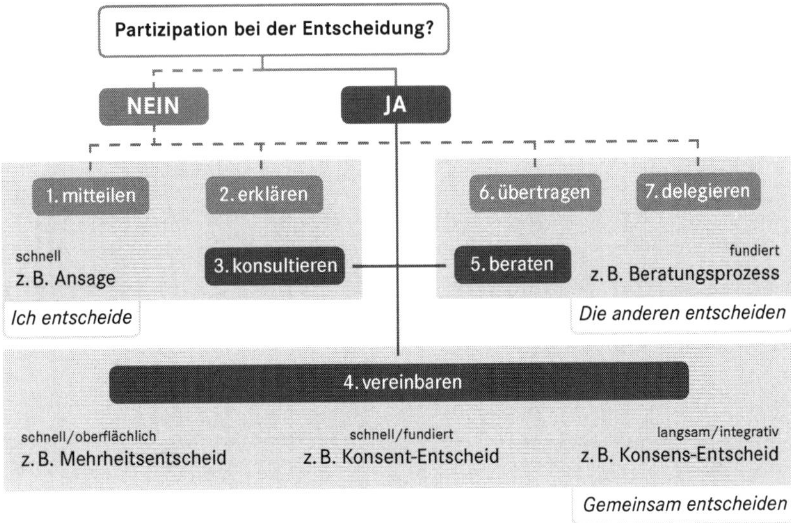

Entscheidungsbaum: Welche Entscheidungstechnik brauche ich? (eigene Darstellung, nach Samantha Slade* und Jurgen Appelo**)

Beispiele für Entscheidungsformate

Stehen wir vor einer Entscheidung, lässt sich anhand des Entscheidungsbaums (s. Grafik) feststellen, welche Technik zu der Entscheidung passt.

Ansagen oder autokratische Entscheidung

Wenn keine Partizipation stattfinden soll, dann haben wir es mit einer klassisch hierarchischen Ansage oder einer autokratischen Entscheidung zu tun (Stufe 1: mitteilen). Diese Entscheidungsform ist nicht per se falsch, aber sie ist nicht für alle Situationen

---

* Vgl. Samantha Slade: *Going Horizontal. Creating a Non-hierarchical Organization, One Practice at a Time.* Berrett-Koehler Publishers, Oakland 2018, ab S. 123.

** Vgl. Jurgen Appelo: *Managing for Happiness,* a. a. O., S. 66.

geeignet. Autokratische Entscheidungen sind beispielsweise in Notsituationen, in denen schnell gehandelt werden muss und keine Zeit zum Konsultieren bleibt, wie etwa bei dringenden Umbesetzungen in Krankheitsfällen, unumgänglich. Auch in vielen alltäglichen Fällen (Marke des Kopierpapiers, Wahl der Putzmittel, der Kaffeemarke, Materialnachbestellungen in den Gewerken usw.) sind autark getroffene Einzelentscheidungen für den Betrieb überlebensnotwendig, um überhaupt funktionieren zu können. Hier sollte die selbstständige Entscheidungskultur gefördert und lieber ohne Vorwurf nachgebessert werden, wenn eine Entscheidung einmal schiefgegangen ist.

Natürlich kann man eine direktive Ansage abmildern, indem man die Hintergründe der Entscheidung mitteilt und damit das Verständnis und die Akzeptanz für die Entscheidung erhöht (Stufe 2: erklären).

Vollständiges Delegieren: Beratungsprozess

Eine andere Art der Entscheidung ohne Partizipation ist das vollständige Delegieren (Stufe 7). In der selbstorganisierten Praxis redet man vom Beratungsprozess.

Bei einem Beratungsprozess bekommt ein*e Mitarbeiter*in oder – bei komplexeren Sachverhalten – eine Gruppe interner »Expert*innen« den Auftrag, sich mit einem Thema intensiver auseinanderzusetzen und zu einer autonomen Entscheidung zu gelangen. Einzige Auflage: Bei kleineren Entscheidungen müssen mindestens zwei weitere Fachpersonen hinzugezogen werden (dies können Expert*innen im Team sein oder auch jenseits des Hauses oder Ensembles, z. B. Expert*innen zu Nachhaltigkeit, Brandschutz etc.) sowie Menschen, die direkt von der Entscheidung betroffen sind. Bei größeren Entscheidungen braucht es neben den Fachpersonen auch den Input so vieler der von der Entscheidung Betroffenen wie möglich, was einer kleinen Stakeholder-Analyse gleichkommt, um letztlich eine idealerweise für alle tragbare und annehmbare Entscheidung zu fällen.

Der Hintergrund für diesen Beratungsprozess: Um zügiger zu einer Entscheidung zu kommen, darf eine »alleinige«, aber vielseitig fundierte Entscheidung getroffen werden, doch sie sollte mit ausführlichen Recherchen verbunden und im Hinblick auf die Auswirkungen verantwortlich getroffen sein. Und nun das Entscheidende: Damit die Qualität einer zügigen Entscheidung gewahrt bleibt, gilt folgende Regel: Wenn die Entscheidung von den Verantwortlichen einmal gefällt ist, wird sie kommentarlos von der Gruppe angenommen.

Auch diese Regel sollte im Vorfeld explizit benannt sein und von allen abgenickt werden, damit die Entscheidung im Nachhinein nicht nochmals hinterfragt und ein abgeschlossener Vorgang erneut geöffnet wird. Natürlich ist es ein Unterschied, ob eine Entscheidung nachträglich rückgängig gemacht werden kann oder nicht – unwiderrufbare Entscheidungen erfordern daher eine größere Sorgfalt.

Auch hier können wir – im Sinne eines zügigen Entscheidungsprozesses – noch das Risiko mitbedenken und einkalkulieren: Wenn es gering ist (also eine Entscheidung rückgängig gemacht werden kann, z. B. Auswahl von Druckerpapier, Leuchtmittel, Sofa aus dem Fundus auf der Probe …), ist es sinnvoll, nicht zu viel Zeit für die Recherche zu verwenden, um bei wesentlichen Entscheidungen größere Sorgfalt, Ruhe und Tiefe walten lassen zu können (z. B. Welches Lichtboard kaufen wir?, Wie sieht die Technik für die Inspizienz aus?, Soll mehr Geld für aufwendigere Kostüme ausgegeben werden?, Soll ein neues Software-Programm für die Dispo angeschafft werden?).

Sollte sich die Entscheidung nach der Implementierung als ungünstig herausstellen, wird diese in der nächsten Runde des Verbesserungsprozesses in einem Feedback verändert. Die vorhergehende Entscheidung wird weder verurteilt noch wird die beauftragte Person in ihren Fähigkeiten hinterfragt oder gar persönlich herabgewürdigt. Wir sollten davon ausgehen, dass zu der Zeit immer die bestmögliche Entscheidung mit den vorhandenen Informationen und Ressourcen gefällt wurde und *wir alle* durch die Erfahrung eines Besseren belehrt wurden.

Auch hier ist eine abgemilderte Form der vollständigen Delegation, wenn man die anderen während des Prozesses auf dem Laufenden hält (Stufe 6: übertragen).

Gemeinsame Entscheidungsformate

Herausfordernd sind die eigentlich gemeinsamen Entscheidungsformate (Stufe 4). Bei Gruppen liegt die Schwierigkeit oft darin, dass sie sich in einer Meinungsvielfalt verzetteln und sich dabei gegenseitig lähmen, was zu großem Frust führt. Um zu Entscheidungen und damit auch in die Umsetzung zu kommen, gibt es wirksame Techniken, die allerdings Übung und Selbstreflexion erfordern. Es lohnt sich allerdings, diesen Lernprozess auf sich zu nehmen, denn wenn sie funktionieren, haben sie einige Vorteile gegenüber der einsamen Führungsentscheidung:

- Einzelne Personen können bessere Entscheidungen über ihre eigene Arbeitsweise treffen.
- Sie fühlen sich verstanden und gewertschätzt, können sich aktiv einbringen und Dinge mitgestalten.
- Die kollektive Intelligenz der Gruppe wird aktiviert.

Schauen wir uns nun Entscheidungsformate an, die sowohl von weisungsbefugten Führungskräften als auch von kollaborativen Gruppen genutzt werden können.

Demokratische Mehrheits-Entscheidungen

Die bekannteste Form ist der *Mehrheits-Entscheid* – im Berufsalltag beispielsweise bei Betriebsausflügen (»Wohin soll es gehen?«). Während der große Vorteil dieser Methode ihre Geschwindigkeit ist, entstehen wie bei der autokratischen Entscheidung blinde Flecken, da die (oft interessanten und wertvollen) Einwände der anderen Personen oder »Minderheiten« fehlen.

Mehrheitsentscheidungen sind ideal in alltäglichen, eher einfacheren Situationen, in denen eine rasche Entscheidung und ein schnelles Feedback verlangt werden (»Findet die Besprechung auf der Probebühne oder im Foyer statt?«, »Sollen wir um 12 oder um 12:30 Uhr in die Pause gehen?«). Letztlich hat in diesen Fällen die Entscheidung keine allzu dramatische Auswirkung.

Mehrheitsentscheide bei mehreren Alternativen kann man etwas differenzierter gestalten, wenn man jeder Person mehrere gleichberechtigte Stimmen gibt, z. B. drei Stimmen (vgl. »Faustregeln bei der Vergabe von Punkten zur Priorisierung von Themen«, S. 96). Auf diese Weise kann eine Person in einer Art Ranking ihre Top-Favoriten angeben, und im Ergebnis ist die Wahrscheinlichkeit höher, dass die Wahl auf eine breitere Zustimmung stößt.

Konsens-Entscheid

Wenn es nötig und wichtig ist, eine Entscheidung zu finden, mit der alle zufrieden sind, dann braucht es Zeit und Raum, um zu einem *Konsens* zu finden, das heißt zu einem Ergebnis, mit dem alle einverstanden sind. Diese Form der Entscheidungsfindung hat viel mit Beziehungsarbeit zu tun und findet vermehrt auf der emotionalen Ebene statt, meist über einen intensiven Meinungsaustausch und manchmal auch über äußerst anstrengende Diskussionen. Denn es geht nicht um einen Kompromiss, bei dem zwar eine Lösung gefunden wurde, doch im Nachgang eine latente Unzufriedenheit herrscht. Beim Konsens sollen alle zufrieden mit der Lösung sein, inhaltlich und emotional. In meiner Erfahrung gibt es bei unstrittigen Themen schnell eine Einstimmigkeit, zum Beispiel: »Wir wollen höchste künstlerische Qualität« oder »Wir möchten nachhaltig sein.« Darüber hinaus sollte man sich sehr bewusst sein, wann man sich die Mühe einer Konsens-Entscheidung macht. Denn oft genug reicht der Weg eines Konsent-Entscheids (s. nächster Abschnitt), um zwar eine möglicherweise weniger einhellige, aber dennoch tragbare Entscheidung im Schnellverfahren zu treffen. Hier gilt: »Das Bessere ist der Feind des Guten.«

Konsent-Entscheid*

Eine neuere Methode, die die Geschwindigkeit des Mehrheits-Entscheids mit der Integration möglichst vieler Perspektiven verbindet, ist der *Konsent-Entscheid*, der neben Schnelligkeit auch Leichtigkeit in Entscheidungsprozesse bringen kann.

»To consent« kommt aus dem Englischen und bedeutet »sich einverstanden erklären«. Diese Methode ist hilfreich, wenn eine Gruppe schnell zu einer Entscheidung kommen soll und dabei jede*n einbeziehen möchte. Wenn die Zeit nicht reicht, in aller Ruhe alles auszudiskutieren und zu einem Konsens zu gelangen (= alle müssen im Boot sein und hundertprozentig dahinterstehen), geht es beim Konsent-Entscheid darum, sich mit einer Lösung einverstanden zu erklären, mit der man nicht vollkommen einverstanden sein muss, aber mit der man leben kann und die den Betrieb nicht gefährdet.

Das Prinzip hinter dem Konsent-Entscheid liegt darin, Entscheidungen über den Weg der Einwände zu treffen, zum Beispiel: »Wer hat etwas dagegen, wenn wir unsere wöchentliche Leitungsrunde online abhalten?«

Der Nachteil von Mehrheitsentscheidungen ist, dass diejenigen, die in der Minderheit sind, sich als »Verlierer*innen« fühlen und sich gegen die Mehrheitsentscheidung sträuben, gegebenenfalls sogar im alltäglichen Handeln gegen sie arbeiten. Und zu

---

* »generative decision making« in: Samantha Slade: *Going Horizontal*, a. a. O., ab S. 13.

Recht: Denn oft haben Minderheiten gute Einwände, die als Information verloren gehen und die Qualität der Entscheidung verringern. Um diese Information abzugreifen, fragt man daher beim Konsent-Prinzip (s. Kasten unten): »Wer kann mit dieser Entscheidung gar nicht leben? Für wen ist sie nicht gut genug für den Moment? Und was ließe sich ändern?«

Einwände werden nur berücksichtigt, wenn stichhaltige Argumente und eine Lösung angeboten werden, andernfalls bleibt man bei dem vorangegangenen Vorschlag. Auf diese Weise bleibt der Fokus auf sachlichen Argumenten, und eine Gruppe kann nicht mehr gelähmt werden mit Aussagen wie »Ich fühle mich damit aber nicht wohl.«

Dabei gibt es immer noch die Nulllösung: Es bleibt, wie es ist.

Das Besondere und möglicherweise Ungewohnte: Widerstände sind bei diesem Prinzip willkommen! Menschen, die Widerstände spüren, sind aktiv eingeladen, diese zu äußern und eine Alternative aufzuzeigen, um damit auf mögliche Schwierigkeiten einer Lösung hinzuweisen. An dieser Stelle ist der geschützte Raum für Kritik gegeben, solange sie konstruktiv ist.

Zwei Methoden zum Einstieg ins Konsentieren

1. Die moderierende Person stellt folgende Fragen (einfacher Ablauf eines Konsent-Entscheids):

- Wer kann mit dieser Entscheidung gar nicht leben?
- Für wen ist sie nicht gut genug für den Moment?
- Für wen ist sie nicht sicher genug, um sie auszuprobieren?

Der nächste Schritt: Welche Alternativen schlägst du konkret vor? Oder sollen wir alles so belassen, wie es ist?

2. Eine andere Möglichkeit ist die anonyme Umfrage. Dabei werden nicht die Zustimmungs-, sondern die Widerstandspunkte abgefragt, klassischerweise von 0 – »kein Widerstand« bis 10 – »hoher Widerstand, Vorschlag nicht tragbar«. Die Zwischenwerte werden nach Gefühl vergeben. Im Anschluss summiert man alle in einer Gruppe vergebenen Punkte auf und der Vorschlag mit den wenigsten Widerstandspunkten wird angenommen. Hierzu gibt es Online-Abfrage-Tools oder man macht eine analoge Punkteabfrage, indem man auf einem Papier Fragestellungen und Skala aufnotiert und die Widerstandspunkte eintragen lässt.

Bei umfassenderen Fragestellungen ist es auch möglich, die Schleife mehrmals zu drehen. Wenn ein neuer Vorschlag dazukommt, findet nochmals eine Konsent-Entscheidung statt. Denn oftmals verändert eine neue Idee ganz andere Aspekte, die vorher nicht zum Tragen kamen. Insofern ist es kein Scheitern, wenn es nach einer Runde und der Einarbeitung der Änderung zu einer nächsten Abstimmung kommt. So ging es in einem Ensemble darum, unliebsame Dienste jenseits der künstlerischen Arbeit gerecht zu verteilen. Sie begannen mit einer Grundidee, die sich von Runde zu Runde differenzierte und zu einer entscheidungsfähigen Regel verdichtete.

Gerade bei vielschichtigen, voneinander abhängigen Problemstellungen kann man den Prozess etwas verlangsamen und in die Tiefe führen:

1. Die Fragestellung wird nochmals geklärt und die Ziele werden benannt.
2. Eine Informationsrunde: offene Fragen werden geklärt, Informationen weitergegeben, die für eine Entscheidung nötig sind.
3. Erste Abfragerunde zum Meinungsbild: »Was sind deine Gedanken momentan?« (Einladung zum lauten Denken) Die Regeln sind hier wie beim Check-in und dem Im-Kreis-Sprechen (s. S. 81 ff.).

4. Zweite Abfragerunde zum Meinungsbild: »Wie geht es dir jetzt, nachdem du alle gehört hast? Was sind deine Gedanken?«
5. Entscheidungsrunde mit verschiedenen Möglichkeiten:
   a) Eine Entscheidung wird getroffen.
   b) Einwände werden bearbeitet und in die Lösung integriert, dann wird nochmals entschieden.
   c) Eine Entscheidung wird vertagt, um noch weitere Informationen zu sammeln oder Lösungsmöglichkeiten zu entwickeln.

Ergänzung: Damit eine Gruppe nicht in ewigen Schleifen hängenbleibt, kann man im Vorfeld eine weitere Regel einführen: Wenn sich nach der zweiten oder dritten Einwandsrunde keine Lösung abzeichnet, kann die Leitung (oder eine ausgesuchte Person) »von oben« entscheiden. Das Argument an dieser Stelle ist, dass die Leitung alle Einwände bereits mehrfach gehört hat und eine fundierte Entscheidung treffen kann, auch wenn sie nicht für alle Teilnehmenden perfekt ist.

Welches Entscheidungsformat passt zu welcher Fragestellung?

Letztlich gilt es, das passende Format für die Fragestellung einer Entscheidung zu finden. Mit der Zeit bekommt man als Gruppe ein gutes Gespür, ob das Problem so essenziell ist, dass es für die Lösung ein komplettes Team und einen Konsens aller braucht, oder ob man es mit Entscheidungen zu tun hat, die mehr Kosten verursachen, wenn man sich zu lange mit ihnen beschäftigt, oder die, bei unsorgfältiger Betrachtung, zu Schäden führen können. Wesentlich wichtiger, als mehrere Stunden darüber zu entscheiden, ob man Pizza oder thailändisches Essen zum Mittag bestellt, ist es, einen Konsens über das Gehalt oder ein gemeinsames Kommunikationssystem zu entwickeln.

Erfahrungsgemäß lassen sich Entscheidungen auch entspannter durchsetzen, wenn der Raum lange genug offen ist und alle Teilnehmenden das Gefühl haben, ihre Sichtweisen klar darlegen zu können. Dank des Konsent-Verfahrens können auch alle Minderheitenargumente berücksichtigt werden – jede*r hat die Chance, sich in einem geschützten Rahmen zu äußern. Manchmal müssen wir Kompromisse eingehen oder Mehrheitsentscheidungen akzeptieren. Enttäuschungen gehören zum Lebensalltag. Mit den hier vorgeschlagenen Hinweisen und Kommunikationsstrukturen lassen sie sich jedoch vielleicht besser ertragen oder wirken nicht so einschneidend. Letzten Endes wird eine geübte Gruppe den fließenden, natürlichen Wechsel zwischen Diskussion (Verteidigen und Wahren der eigenen Position) und Dialog (in Neues hineinwachsen durch Perspektivwechsel und Wandeln der Position) leben können, mit viel Geduld, Transparenz, Klarheit und auch einer guten Portion Hartnäckigkeit.

Tipps und Anregungen für Entscheidungsprozesse

- Machen Sie sich jedes Mal im Vorfeld einer Entscheidung klar, wie partizipativ sie gefällt werden und wer in welchem Maße daran teilhaben soll. Und dann achten Sie genau auf Ihre Formulierung: Könnte sie als Einladung zu mehr Partizipation verstanden werden, als Sie es sich wünschen? Oder möchten Sie mehr Eigenverantwortung, die Formulierung signalisiert jedoch, dass Sie die Entscheidung tragen?
- Beobachten Sie sich selbst: Wenn Sie als Entscheidungsträger*in nicht konsequent zu der vereinbarten Entscheidungstechnik stehen und beispielsweise eine delegierte Entscheidung wieder an sich ziehen, untergraben Sie ihre Glaubwürdigkeit und die Motivation der anderen.

- Arbeitsgruppen eignen sich gut für das Ausarbeiten einer Entscheidungsoption. Danach kann im Plenum Feedback über das Konsent-Prinzip eingeholt werden.
- Eine Entscheidung ist besser als keine. Keine Perfektion anstreben!
- Führen Sie eine Entscheidungsliste oder ein fortlaufendes Protokoll, um das Team kontinuierlich auf dem aktuellen Stand zu halten. So erhalten alle einen Überblick über aktuelle Entscheidungen.
- Visualisieren, visualisieren, visualisieren! Mitschreiben und sichtbar machen! Besonders, wenn die Gruppe einen Punkt intensiver diskutiert, sollte man die einzelnen Perspektiven für alle festhalten. Visualisieren erleichtert die Teilnahme und das Mitdenken. Wenn Themen abgearbeitet sind, kann man einen Haken setzen und konkret veranschaulichen, was bereits erledigt ist.
- Die Dokumentation der Entscheidungen ist bindend und gerade auch die Nicht-Anwesenden haben die proaktive Pflicht, die Ergebnisse selbstständig abzurufen und für sich umzusetzen.

Gruppendynamiken und der Umgang mit Emotionen

Das pragmatische Handwerkzeug für die Moderation, das wir in den vorangegangenen Kapiteln besprochen haben, hilft bereits sehr, Gruppendynamiken zu lenken. Ob Im-Kreis-Sprechen, Moderationszyklus oder Entscheidungsmethoden, alle diese strukturierenden Instrumente sind dazu entworfen und entwickelt worden, um auch mit emotionalen Themen in Gruppen umgehen und unkontrollierbare Dynamiken verhindern zu können.

Dieses Kapitel geht tiefer auf die natürlichen Gruppendynamiken ein. Oft hilft schon das Wissen und Erkennen dieser Dynamiken, um ihnen gelassener begegnen und sie zielorientierter lenken zu können. Vor allem nehmen wir sie in einer moderierenden Funktion weniger persönlich und verstricken uns nicht selbst in ihnen, wodurch sie noch mehr angeheizt würden.

Natürliches Auf und Ab – Teamuhr von Tuckman

Wenn Ensembles oder Teams neu zusammengestellt werden, brauchen sie Zeit, um zusammenzuwachsen und sich zu strukturieren. Dieses Zusammenfinden wird gerne unterschätzt und als Zeitverschwendung abgetan, um vermeintlich schneller ins inhaltliche Tun zu kommen. Meiner Erfahrung nach rühren viele der späteren Konflikte oder Unstimmigkeiten daher, dass zu wenig Zeit auf diese formende Phase verwendet wurde, darauf, die Aufgaben und Funktionen zu definieren und konkret zu klären, wer für was verantwortlich ist. Doch auch bei gut organisierten

Teams gibt es durch Änderungen und äußere Einflüsse immer wieder Zeiten der Unruhe und Reibung. Dies ist normal und die Kunst liegt eher darin, möglichst entspannt durch diese Herausforderung hindurchzugleiten, als im Anspruch, sie möglichst von vornherein durch perfekte Planung gänzlich zu verhindern (was nicht geht).

Um sich als Team zu verorten oder auch in der Moderator*innenrolle zu verstehen, wo eine Gruppe gerade steht, kann man das Modell des Psychologen und Organisationsberaters Bruce W. Tuckman nutzen, das als »Teamuhr« bekannt geworden ist. In den 1960er-Jahren beschrieb er, wie Gruppen sich in vier Phasen entwickeln* (1977 ergänzte Tuckman noch die fünfte Phase):

- *Forming* (Orientierungsphase): Eine Gruppe kommt zu einer Aufgabenstellung oder einem Ziel zusammen.
- *Storming* (Konfliktphase): Individuelle Wünsche, (sich widersprechende) Bedürfnisse, (oft gegensätzliche) Erwartungen, Grenzen in Bezug auf Ressourcen sowie unliebsame Aufgaben werden aufgedeckt und die Verteilung miteinander ausgefochten.
- *Norming* (Organisationsphase): Das Team spricht Prozesse, Regeln, Funktionen, Verantwortlichkeiten miteinander ab.
- *Performing* (Integrationsphase): Das Team bewältigt seine Aufgabe.
- *Adjourning* (Auflösung): Die Gruppe löst sich fachlich und emotional auf.

In der Praxis stellt sich heraus, dass diese Phasen unterschiedlich lang sein können und keine klare Abfolge haben, einige wiederholen sich oder werden gar übersprungen.

---

* Bruce W. Tuckman: »Developmental Sequences in Small Groups«, in: *Psychological Bulletin* Vol. 63, 1965, S. 384–399.

Auch finden *Storming-* und *Norming-*Phasen in regelmäßigen Abständen statt, vor allem wenn neue Mitglieder hinzukommen oder alte gehen. Es braucht immer wieder Phasen jenseits des reinen Arbeitens, um auf der emotionalen Ebene zu den stürmischen und strukturierenden Klärungen zu gelangen.

Geduldig und konstruktiv bleiben

Gerade in der gruppendynamischen *Storming-*Phase oder *Groan Zone* (s. S. 75 ff.) des Moderationszyklus kann es gut sein, dass nicht auf Anhieb Lösungen gefunden werden. Oftmals ist eine Gruppe noch in der Jammerzone gefangen: »Wir drehen uns im Kreis«, »Wir verschwenden unsere Zeit«, oder noch in alten Denkstrukturen verhaftet: »Die anderen sind schuld«, »Wir können ja doch nichts tun.« Emotionen kochen hoch, die eigene Unschuld wird beteuert: »Ich hab doch schon alles versucht. Darüber rede ich seit Jahren und nichts verändert sich …«

Die Kunst ist es, nicht in der Jammerzone zu versinken, keine Schuld- und Opferrollen anzunehmen. Um zu Lösungen zu kommen, müssen wir unter Umständen einen unbequemen Weg gehen: unsere Einstellung überdenken und unser Verhalten ändern, das heißt wir müssen selbst aktiv werden.

In dieser Phase und Situation ist es in der Moderationsrolle ratsam, radikal konstruktiv und sachlich zu bleiben, das heißt konsequent lösungsorientiert vorzugehen. Moderierende sollten diejenigen, die im Raum sind, aktiv in die Verantwortung nehmen: »Was genau wäre eine Sache, die du verändern könntest, damit wir einen Schritt weiterkommen?«, »Zu wem müsstest du mit welchem Anliegen gehen?«, »Was wäre dein Verbesserungsvorschlag?«

Als Moderator*in braucht man an dieser Stelle Geduld und eine gewisse konstruktive Zähigkeit.

Das Positive verstärken, um die Lautstärke des Negativen auszugleichen

Ein grundlegende Wahrnehmungsverzerrung, der wir täglich aufsitzen, ist die große Lautstärke des Negativen. Eine negative Schlagzeile und unser ganzer Fokus wird darauf gelenkt. Heutzutage sind wir mit so vielen (negativen) Reizen umgeben, die unsere komplette Aufmerksamkeit und Energie beanspruchen. Lassen wir uns von den höllisch lauten Signalen in die Irre treiben, finden wir uns in einer völlig verzerrten dramatischen Welt wieder, die wir eigens so für uns inszenieren. Dazu kommt die Negativ-Spirale. Denn das Gehirn legt assoziativ ab; wenn das Gedankenkarussell erst einmal in »negativen« Gang gerät, ist es oft nur schwer zu stoppen.*

Mit Realität hat das nichts mehr zu tun. Die »Realität«, sofern es sie überhaupt gibt, ist meist ausgewogener und weniger negativ, als es unser Angsthirn meint. Gerade in Wandlungsphasen veralten zudem die inneren Denkmuster schnell. Wenn andere ihr Verhalten ändern, unserem Wunsch entsprechend, beispielsweise nach einem Feedback-Gespräch, müssen wir aufpassen, dass wir innerlich nicht noch in der alten emotionalen Schleife hängenbleiben, obwohl sich die Umwelt bereits zum Besseren gewandelt hat (s. Grafik). Ich erinnere auch hier nochmals an den Unterschied zwischen verfestigten Gedanken und veränderndem Denken (s. »Vielfalt hören muss geübt werden«, S. 79 ff.)

Um sich selbst auf die Schliche zu kommen und sich herauszuziehen, gilt es, gezielt den Regler für das Positive zu verstärken, indem wir uns beispielsweise mehr auf die erfreulichen, gelungenen Aspekte fokussieren und sie auch in Besprechungen erwähnen und integrieren, damit der Blick auf das Gute verstärkt

---

* Daniel Kahneman: *Schnelles Denken, langsames Denken*, a. a. O. Vgl. Kapitel »Die Assoziationsmaschine«, S. 69–80.

Wenn die Denkmuster nicht mehr zur Umwelt passen …

wird und sich das Verhältnis aus positiven und negativen Reizen verändert (vgl. »Produktionsnachgespräch«, S. 254 f., »Ressourcenorientiertes Fragen«, S. 188 ff.).

Übung: Positive selbsterfüllende Prophezeiung

- Welche inneren Bilder/Narrative/Vorurteile habe ich von der anderen Person/dem Verhalten, die aus einer »alten« Zeit stammen?
- Was könnte ich als Vorschussvertrauen neu denken über die Person/das Verhalten?
- Wie und wo kann ich »Positives« anbringen?
- Wie kann ich den wünschenswerten Wandel proaktiv durch mein verändertes Verhalten unterstützen?
- Wo kann ich geduldiger/wohlwollender mit anderen werden bzw. umgehen und die Reibungen als Lernprozess begreifen?

Wider die Trägheit bei gut laufenden Prozessen

Sich das Positive immer wieder vor Augen zu halten, fördert zwar die Motivation, jedoch: Wenn etwas zu gut läuft, werden wir gerne unachtsamer. Wir gehen schnell in die Entspannung (was an sich wunderbar und zum Kräftetanken wichtig ist), doch wenn wir »unterspannen« und träge werden, schleicht sich gerne auch Nachlässigkeit ein, bahnen sich Baustellen an, die wir später nur mit Hektik und Zeitdruck in den Griff bekommen. Gerade bei Ensembles und Teams, die sich als »gut laufend« bezeichnen, ist das Feedback von Selbstreflexions-Workshops oft: »Oh, ich hätte nicht gedacht, dass noch derart viel zu tun ist. Eigentlich läuft es doch gut.«

Wenn wir genau hinschauen und achtsam bleiben, gibt es immer etwas zu tun. Am Ball zu bleiben, macht weniger Arbeit, als am Ende das Ganze neu aufzugleisen und Schäden zu beheben. Zudem entsteht durch den Blick auf die noch zu tätigenden Aufgaben meist wieder neue Motivation, die hilft, die sich einschleichende Trägheit zu überwinden und neue Erfolgserlebnisse – und damit Endorphine – zu spüren. Vielleicht ließen sich derartige Reflexionszeiten als künstlerische Präventionsarbeit begreifen.

TIPP: Zu der Frage »Was läuft gut?« immer auch die folgende Frage stellen: »Was pflegen wir weiter?« Damit ist der Blick auf das Positive einerseits und andererseits auf den damit verbundenen Auftrag, nicht untätig zu bleiben, gegeben.

Meine eigene Präferenz bei Widerstand kennen

In Moderationssituationen ist es hilfreich, die eigenen Präferenzen bei Widerstand zu kennen. Wie gehe ich mit Konflikten um, welche Strategie verfolge ich? Passe ich mich an, suche ich Kompromisse oder eher die Auseinandersetzung? Bin ich eher harmoniesüchtig oder streitlustig?*

---

* Vgl. Thomas-Kilmann Conflict Mode Instrument (s. Wikipedia-Eintrag).

Den Harmonieorientierten unter uns könnte es helfen, Widerstand als Kontaktangebot zu sehen und ihm nicht auszuweichen. Reagiert man nicht oder zieht sich (beleidigt) zurück, kann das sogar zu noch mehr Widerstand führen bzw. eine regelrechte Verfolgungsjagd auslösen. Denn Harmonie bedeutet auch, »im Gleichgewicht sein«, und um einen Widerstand ins Gleichgewicht zu bringen, braucht es ebenfalls einen angemessenen Gegenpart. Für Kampffreudige ist es umgekehrt ratsam, nicht jeden Widerstand als Streitangebot aufzugreifen, sondern ihm mit Empathie zu begegnen und das Bedürfnis nach einer harmonischen Lösung dahinter zu sehen.

Bedürfnis und Bedürfnisbefriedigung trennen

Das Bedürfnis hinter einer Handlung zu suchen, ist in jedem Fall ein erhellender Ansatz im Umgang mit Verhalten, das wir als anstrengend, schwierig oder gefährlich empfinden. Um wertschätzend zu bleiben, versuche ich, zwischen dem Bedürfnis und der Bedürfnisbefriedigung zu trennen.*

Wir alle haben körperliche, seelische, soziale und Ich-Bedürfnisse, die in jedem Fall ihre Daseinsberechtigung haben. Wir können sie nicht nicht haben. Deshalb hilft kein Leugnen. Was uns im Alltag Mühe macht, ist nicht die Tatsache, dass sich jemand ärgert, sondern *wie* sich die Person ärgert. Wir haben kein Problem mit dem Bedürfnis der Person (Bedürfnis = Ärger), allerdings schätzen wir es gar nicht, angeschrien und beleidigt zu werden (Bedürfnisbefriedigung = in diesem Fall die Strategie, mit der die Person mit ihrem Ärger umgeht). Die Art, wie wir unsere Bedürfnisse befriedigen, ist individuell unterschiedlich,

---

* Vgl. Marshall B. Rosenberg: *Gewaltfreie Kommunikation. Eine Sprache des Lebens*, Junfermann Verlag, Paderborn 2013. Kapitel: »Bedürfnisse · Verantwortung für die eigenen Gefühle übernehmen«, S. 59–74.

sie hat viel mit der eigenen Sozialisation zu tun, mit Erziehung, Kindheitserlebnissen, Persönlichkeitsstrukturen, kulturellen Unterschieden und den Werten, denen wir »damals« ausgesetzt waren. Immer wieder stelle ich auch eine theatrale Sozialisation fest – Menschen verhalten sich im Theater anders als in sonstigen gesellschaftlichen Kontexten.

Die Handlung, die einem Bedürfnisimpuls folgt, können wir ändern. Wenn ich mich über einen Fehler einer Person aufrege, kann ich mein Bedürfnis befriedigen, indem ich tobe und schreie und mich über die Unfähigkeit einer Person ärgere (egal, ob die Person anwesend ist oder nicht) oder indem ich gezielt den Dialog mit ihr suche und ihr erkläre, was mir nicht gefällt, und sie frage, wie es dazu gekommen ist oder wie sich der Fehler in Zukunft vermeiden ließe.

Wir haben es grundsätzlich in der Hand, die Strategien unserer Bedürfnisbefriedigungen zu überdenken und umzugestalten, vielleicht braucht es einige Anläufe oder sogar anstrengende und schmerzhafte Lernprozesse, doch wir können entscheiden, wo und wie es langgehen soll.

Die Aufgabe lautet: das Bedürfnis anerkennen, ihm aber die bisher ungünstige automatisierte Handlung zu verweigern, wenn sie denn Probleme macht, und lieber andere Wege der Befriedigung zu suchen, die sozial verträglicher sind.

Wenn ich diese Trennung bei mir selbst erkennen kann, kann ich sie auch gut bei der Moderation in Gruppen wahrnehmen: »Ich verstehe, dass du dieses Bedürfnis hast, was können wir tun, damit es befriedigt wird auf eine Art, die für alle gut ist?«

Emotionen im Wandel: Change-Kurve

Bereits bei leichter Kritik durchlaufen wir oft verschiedene Phasen des emotionalen Erlebens oder der Betroffenheit. Es sind die Reaktionen aus der Change-Kurve.* Trifft uns negatives Feed-

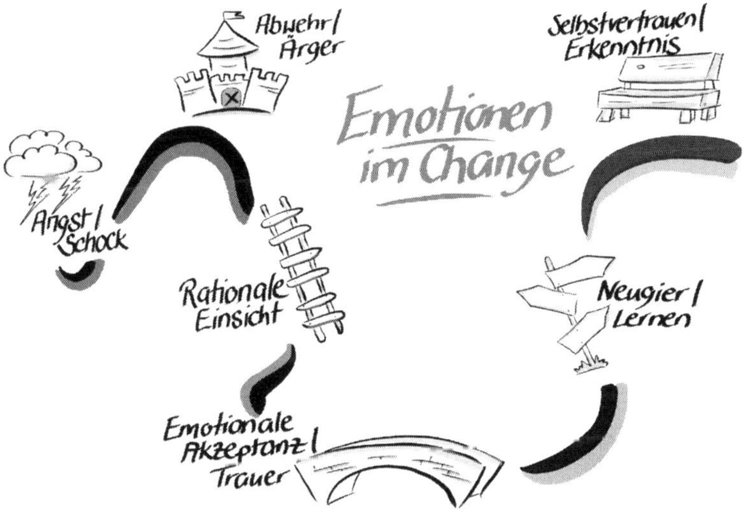

Change-Kurve

back, sind wir zunächst in einem emotionalen Schockzustand aufgrund divergierender Wahrnehmungs- und Ansichtsweisen: Ich sehe etwas anders (und in meiner Welt richtig), als ich es von der anderen Person gespiegelt bekomme. Meist folgen darauf Wut und Widerstand, wir wehren die Aussagen ab, beschuldigen den anderen, den Standpunkt falsch verstanden zu haben. Danach beginnt die Phase des Akzeptierens, der rationalen Einsicht, dass vielleicht ein Körnchen Wahrheit in dem Gesagten stecken könnte oder es eine Erklärung gibt, wieso die andere Person diese Sichtweise hat. Wenn es uns dämmert, dass etwas wahr sein könnte, entsteht oft ein leiser oder lauterer Schmerz- oder Wehmutsmoment, da wir ein Teil unseres Selbstbildes loslas-

* Die Change-Kurve ist abgeleitet aus dem Modell der Trauerphasen von Elisabeth Kübler-Ross. Vgl. Elisabeth Kübler-Ross: *On Death and Dying*, The Macmillan Company, New York 1969.

sen müssen oder vielleicht über unsere bisherige eingeschränkte Denkweise und gegebenenfalls die vermeintlich verpassten Chancen trauern. Idealerweise nimmt die Neugier überhand, ein Lernschub führt zu neuer Erkenntnis und das Selbstvertrauen wächst, da wir eine Krise gemeistert haben.

Nach und nach ist man schließlich in der Lage, Kritik besser anzunehmen, sie gar zu verstehen oder sie zumindest zu tolerieren, sollte man vom eigenen Standpunkt immer noch überzeugt sein. Man bekommt Übung darin und kann die Change-Kurve bewusster und damit oft auch leichter durchlaufen.

Das »Wir gegen andere« überwinden*

Evolutionär hat sich Kooperation innerhalb von und nicht zwischen Gruppen entwickelt. Unsere Urkonditionierung lautet: »Wir (unsere Gruppe) gegen andere«. Damit wir dieser Konditionierung gerecht werden, müssen wir im Alltag möglichst schnell entscheiden, ob etwas zu uns gehört oder eben nicht. Um schneller reagieren zu können und gleichzeitig Energie zu sparen, speichert unser energieintensives Gehirn eine ganze Menge Erfahrungen und Handlungszusammenhänge verkürzt ab. So entstehen »Vorurteile« oder vielleicht besser »Gewohnheiten«. Man könnte auch sagen: Vorurteile oder Gewohnheiten sind automatisierte Reaktionen auf einige bekannte Trigger, die man sich einmal aufgrund einer alten Situation angeeignet hat und durch die man dann wie bei einem Kurzschluss automatisiert handelt, ohne die aktuelle Situation erneut zu evaluieren.

Als Kind werden wir in unserer engsten Umgebung und Kultur geprägt und gewöhnen uns als Referenz das Wir unserer

---

* Vgl. Mary E. Casey/Shannon Murphy Robinson: *Neuroscience of Inclusion. New Skills for New Times,* Outskirts Press, Parker, Colorado 2017.

Umgebung bzw. Kultur an. Unsere »Vorurteile« sind sozusagen einprogrammiert.

Unser Gehirn besitzt einen »Türsteher« im limbischen System, der für unsere Emotionen zuständig ist. Sobald wir unsere familiäre und kulturelle Referenz und damit unsere Komfortzone verlassen, signalisiert er »unangenehm«, »Vorsicht!« oder »gefährlich«. Erkennt er Gemeinsamkeiten oder Übereinstimmungen, zum Beispiel gleiche Interessen, gemeinsame Freunde oder Verwandte, entspannt er sich wieder.

Doch wir sind unseren alten Mustern nicht gänzlich ausgeliefert: Ein Teil unseres Gehirns ist wie eine Selbstveränderungs-App, mit der wir Selbstreflexion, Denken, Ethik, unser höheres Ich und unser Selbstbewusstsein pflegen können. Diese Selbststeuerung kann uns helfen, unsere alten Muster zu reflektieren, Differenzen, die von alten sozialisierten Prägungen herrühren, zu überschreiben oder ihnen zumindest bewusst entgegenzuwirken.

Denn wir sind in der Lage, unsere inneren Grenzen von »Wer gehört dazu? Wer nicht?« zu verschieben und müssen dies auch tun: nicht nur, um mit der wachsenden Vielfalt an Menschen in unserem Alltag umzugehen, sondern auch angesichts von Krisen, die uns als Weltgemeinschaft angehen – Pandemien, europäische oder weltweite Konfliktfelder etc.

Fangen wir also in unserem Alltag damit an. Unser Gehirn ist in der Lage zu lernen und tut dies auch kontinuierlich. Die Brücke zum sozialen Lernen liegt in der menschlichen Fähigkeit der Empathie und des aktiven Zuhörens und Verstehen-Wollens. So erhellen wir blinde Flecken, erweitern unsere eigene Perspektive. In unseren gewohnten Gruppen, in der Familie oder bei Freund*innen pflegen wir bereits Empathie und Verständnis füreinander, unterstellen das Positive und Gutgemeinte. Wenn wir aktiv Positives und Gemeinsames im Fremden suchen, wird es uns irgendwann gelingen, mit Selbstverständlichkeit Differenzen und Krisen zu überwinden und als Teil des Lernprozesses ein erweitertes Wir-Gefühl zu entwickeln. Das globale Wir beginnt in unseren individuellen Köpfen.

»Be the change you want to see.« (Sei die Veränderung, die du sehen willst.)*

Bei emotionalen Ausbrüchen: Was tun?

Mit diesem Blick auf andere Menschen und ihre Verhaltensweisen gilt: Verbale Angriffe unbedingt vermeiden! Und: Keine Angst vor Gefühlen! Im Sinne eines wertfreien Feedbacks können die eigene Betroffenheit, die eigene Weltsicht und die eigene Aufgewühltheit in Form von Tränen, einer lauten Stimme, Wut- und Schmerzäußerungen gezeigt werden. Das Bedürfnis kann in seiner Form dargestellt werden, doch nicht mit verbalen Angriffen auf andere (als Bedürfnisbefriedigung).

Wenn es gegen andere geht, greife ich als Moderator*in lenkend ein und bitte darum, aus der eigenen Sicht zu beschreiben, was gerade passiert.

Dabei nutze ich diese drei Schritte:

1. Ich bedanke mich für den Mut, die Offenheit etc. (Ich erkenne das Bedürfnis an.)
2. Ich mache darauf aufmerksam, dass die Äußerung angreifend wirkt, und helfe andere Formulierungen aus der eigenen Weltsicht zu finden.
3. Ich frage: Was brauchst du jetzt? (– um andere Formen der Bedürfnisbefriedigung zu entwickeln)

Falls ein Austausch entsteht, halte ich an dieser Stelle als

* Das Zitat wird Arleen Lorrance zugesprochen. Nach Gewaltexzessen an einer Brooklyner Schule startete sie Anfang der 1970er-Jahre das »Love Project«, um die Konflikte in der Schule zu lösen. Dafür entwickelte sie sechs Prinzipien, die sie später auch an anderen Schulen und in Workshops lehrte.

Moderator*in den Raum: Ich höre aktiv und empathisch zu, rede bewusst langsamer, mache Pausen und versuche, insgesamt Ruhe in die Situation zu bekommen. Emotionale Ausbrüche stressen alle Anwesenden und oft kommt es automatisch zu emotionalen Reaktionen, daher ist es wichtig, wieder eine ruhige und entspannte Atmosphäre aufzubauen und auf die reflektierende Sachebene zurückzukehren, auch bei emotionalen Inhalten.

Je nachdem könnte sich im Anschluss eine Pause anbieten, dann gegebenenfalls noch ein Stimmungsbild, um auch andere Meinungen im Raum zu hören, die manchmal hilfreiche Perspektiven bieten, um die Situation gut aufzufangen.

Manchmal reicht es auch, Äußerungen einfach stehen zu lassen mit dem Angebot, das Thema in der nächsten Sitzung wieder aufzugreifen, damit es sacken kann, oder auch in die Runde zu fragen: »Was wäre jetzt eine gute Vorgehensweise?«

Killerphrasen und ihre Gegenfragen

Wenn sogenannte »Killerphrasen« ins Spiel kommen, kann es manchmal mühsam werden: »Das haben wir schon immer so gemacht«, »Das wird nicht funktionieren«, »Typisch«. Die Funktion dieser Phrasen ist es, jeglichen Austausch zu unterbinden. Ein pragmatischer Umgang damit sind *öffnende Gegenfragen*: »Was habt ihr bisher gemacht?« Und unter den gegebenen Umständen: »Was könnte man anders machen?« oder »Wie kommst du darauf, dass es nicht funktionieren wird? Was sind deine Bedenken? Was könnten wir ändern?« oder »Was genau ist ›typisch‹? Was stört dich? Was wäre eine Lösung für dich?«

Manchmal muss man bei den Fragen einige Wiederholungsschleifen drehen. Denn in der ersten Runde sind die meisten überrascht, dass sie mit ihrem Standard-Blockieren nicht weiterkommen. In ein Lösungsdenken zu kommen, dauert einen Moment – wenn es denn in diesem Gespräch überhaupt stattfindet.

Manchmal frage ich drei- oder viermal, mit jeweils leicht geänderter Fragestellung, nach ganz konkreten Vorschlägen. Sollte man dennoch nicht weiterkommen, sage ich: »Lasst die Gedanken bis zum nächsten Mal sacken. Vielleicht ist euch bis dahin etwas eingefallen.«, und vertraue darauf, dass die Gedanken anschließend nochmal reflektiert werden. Erfahrungsgemäß ergeben sich im Nachgang oft neue Impulse.

Zwangsläufige Missverständnisse in der Kommunikation

Wie häufig erlebe ich in Coaching-Gesprächen, dass eine Leitung davon überzeugt ist, transparent zu kommunizieren und alle Vorgänge und Entscheidungen klar und deutlich offenzulegen. Umso größer ist die Überraschung und Enttäuschung, wenn ihr der Vorwurf gemacht wird, Informationen gezielt vorzuenthalten und damit ihre Macht zu missbrauchen. Wenn wir uns dann die Situation genauer anschauen, stellt sich meist heraus, dass die Leitung undurchsichtig und missverständlich kommuniziert hat. Missverständnisse entstehen immer dann, wenn die Ebenen der sendenden und die der empfangenden Person nicht übereinstimmen, wenn sich Kolleg*innen kompliziert oder nicht eindeutig äußern oder auch wenn eine Aussage von verschiedenen Leuten unterschiedlich interpretiert wird. Ich selbst bin immer wieder erstaunt, dass ich in Coachings an manchen Stellen einfach falsch verstanden werde. Wir müssen uns daher bewusst machen, dass Kommunikation immer ambivalenter und komplexer ist, als wir es uns vorstellen können.

Gerade wenn wir über Kommunikation auf Augenhöhe sprechen, bedarf es vieler neuer Verhaltensweisen, die erst eingeübt werden müssen. Zwangsläufig entstehen so zunächst Fehler und Reibungen. Daher ist es wichtig, nicht automatisch das Schlechteste von der anderen Person zu denken, sondern immer davon auszugehen, dass eine Aussage, eine Bemerkung und auch eine Kritik gut gemeint waren und sie möglicherweise nur falsch rübergekommen sind. Genau aus diesem Grund ist es so wichtig, emotionale Begegnungsräume fest zu installieren (s. »Den Knotenpunkt ›Besprechung‹ ritualisieren …«, S. 161 f.), um Missverständnisse aufzudecken, von denen die Beteiligten gar nicht wussten, dass sie existieren.

Ein Wort zum Vertrauen: Gerne wird immer wieder als Ziel von Workshops gesetzt, dass Vertrauen geschaffen werden soll. Vertrauen lässt sich nicht direkt und unmittelbar schaffen. Vertrauen entsteht durch Handlungen und Taten. Meist geben wir zu Beginn einen Vertrauensvorschuss, der leicht verspielt wird, beispielsweise durch Diskrepanzen zwischen Worten und Taten. Wie oben beschrieben, ist auch hier die Kommunikationsfalle nicht weit: Manchmal liegt die Diskrepanz zwischen Wort und Tat einfach darin, dass ich die Worte anders auffasse als die Person, die sie sendet. Das hat im Grunde nichts mehr mit der anderen Person zu tun, sondern mit meinem Denken. Um Vertrauen nicht unnötig zu verspielen, bedarf es meines Erachtens einer wohlwollenden Skepsis gegenüber dem eigenen Gefühl, genau zu wissen, was andere gemeint haben, wenn ich bei ihnen nicht direkt nachgefragt habe oder ihnen in dem Moment nicht mit ruhiger Empathie zuhören konnte.

Zukunftsorientiert statt aufarbeitungswütig

Viele Teams meinen, erst Altes exzessiv und akribisch aufarbeiten zu müssen, um Neues zulassen zu können, nach dem Motto: Erst das Haus gründlich putzen und desinfizieren, dann neu einziehen. Wir können uns und unsere Erfahrungen miteinander nicht einfach wegputzen. Das alte Beziehungs- und Erfahrungsgemäuer bleibt erhalten; allerdings lässt es sich renovieren, möglicherweise entkernen, wir können ihm einen neuen Anstrich geben, den Rahmen ändern, die Leitungen modernisieren … Als

Coachin fordere ich immer dazu auf: »Lasst uns schauen, was wir zukünftig miteinander ändern möchten, und dann – sollte es nötig sein – das eine oder andere aufräumen.« Erfahrungsgemäß helfen neue positive Erfahrungen auch, Altes plötzlich unaufgeregter, gar mit Humor zu betrachten: »Weißt du noch, als …«. Nehmen wir Lernkultur ernst, so sollte immer das Neuerlernen und Üben von Fähigkeiten und Kompetenzen für die zukünftige Zusammenarbeit im Vordergrund stehen, nicht das Aufarbeiten von Schuld in der Vergangenheit.

Tipps und Anregungen zu Gruppendynamiken

- Wenn Ensembles und Teams neu zusammengesetzt werden, gestalten Sie – falls Sie in einer Führungsrolle sind – die formende Phase ganz bewusst. Wenn nicht, bitten Sie die Gruppe auf Augenhöhe darum, dies zu tun. Führen Sie allerdings nicht zu viele Regeln ein, sondern definieren Sie lieber Lern- und Reflexionsräume, um schrittweise mit zunehmender Erfahrung nachzubessern, damit Sie in einem lernenden Fluss bleiben und nicht in einem Regelkorsett ersticken.
- Um in der Phase der *Groan Zone* (s. S. 75 ff.) ruhig und konstruktiv zu bleiben, können Sie in der Moderationsrolle entweder das Bild vom Felsen in der Brandung oder das eines Leuchtturms unterstützen: Auch in stürmischen Nächten leuchten sie aufs Meer hinaus und helfen so den Schiffen, ihren Weg zu finden.
- Erkennen Sie das jeweils geäußerte Bedürfnis an oder suchen Sie das Bedürfnis hinter einem Verhalten. Das Verhalten selbst (= die Bedürfnisbefriedigung) kann dann im Anschluss leichter konstruktiv verändert werden.

- Auch Dissens kann eine Lösung darstellen: Die Suche nach einem guten, gesunden, kreativen Arbeiten bedeutet nicht, dass kontinuierlich Übereinstimmung und Harmonie herrschen sollten. Die Lust an der Vielfalt und die Neugier auf Neues bringt zwangsläufig Konflikte und Reibung mit sich. Eine Debatte kann auch damit enden, dass Parteien sich darauf einigen, die gegensätzlichen Positionen zu tolerieren, statt sich auf etwas zu einigen. Das Ergebnis wird dann so stehen gelassen. Im Englischen gibt es dafür den passenden Ausdruck »we agree to disagree«.
- Wenn Sie nicht weiterwissen, fragen Sie die Gruppe, was jetzt ein guter Weg wäre. Was nicht heißen soll, dass Sie Ihre Rolle als Prozesslenker*in aufgeben. Sie lenken weiterhin den Ablauf, nur binden Sie die Gruppe in die Gestaltung der gemeinsamen Reise ein.
- Achten Sie darauf, dass die Gruppe sich mit lösbaren Problemen oder zumindest mit Themen beschäftigt, deren Bearbeitung sie tatsächlich in der Hand hat. Wenn Sie an ein scheinbar aussichtsloses Dilemma (z. B. gekürztes Budget, unzureichende Fördermittel, hoher Krankenstand, unvorhersehbare Betriebsausfälle, beschränktes Angebot an Hauptrollen etc.) geraten, machen Sie deutlich, dass dies nicht zu lösen ist und es nur darum geht, wie wir mit der Situation leben und arbeiten können.
- Und wenn Sie einmal ins Schwimmen geraten sollten angesichts der vielen Emotionen: Vertrauen Sie der Gruppe und dem Prozess. Sie müssen keine Lösungen für die Gruppe finden oder sie sogar »retten«. Verbinden Sie sich innerlich mit dem Potenzial, das Sie in der Gruppe sehen, und erinnern Sie die Gruppe immer wieder daran. Wenn Sie den Raum halten und geduldig bleiben, findet sie von selbst den Weg.

Kommunikationsflüsse gestalten und nutzen

In den vorherigen Kapiteln ging es um das Aufsetzen und Organisieren einer Besprechung, wie man sie durch emotionale Herausforderungen lenkt und zugkräftige Ergebnisse erreicht. Die nächste Aufgabe besteht nun darin, Kommunikationskanäle zwischen den Besprechungen zu etablieren und aufrechtzuerhalten. Was nützen Protokolle und Entscheidungen, die wir in Besprechungen festhalten, wenn sie nicht gelesen werden, im Ordnerchaos des Servers untergehen und sie niemand außerhalb der Besprechung zur Kenntnis nimmt. Und nicht nur das …

Die derzeit viel beschworene Kritik der mangelnden Wertschätzung liegt meiner Erfahrung nach häufig darin, dass niemand genau weiß, wann wer welche Information erhält, und es subjektiv mit Glück und Zufall zu tun hat, wenn jede*r die für sie*ihn relevanten Mitteilungen bekommt. Damit entsteht automatisch der Impuls (und die Forderung) bei vielen Mitarbeitenden, möglichst überall eingebunden sein zu wollen, weniger weil sie es wirklich wollen oder als sinnvoll erachten, sondern weil sie die Erfahrung gemacht haben, dass ihnen oftmals wichtige Informationen fehlen.

Um den Fluss der Informationen am Ende der Besprechung aufrechtzuerhalten, ist es wichtig:

- Kommunikationsflüsse zu gestalten und gewisse Besprechungen zu ritualisieren, oder anders gesagt: zuverlässige Knotenpunkte zu setzen, an denen die Informationskanäle angedockt werden können.

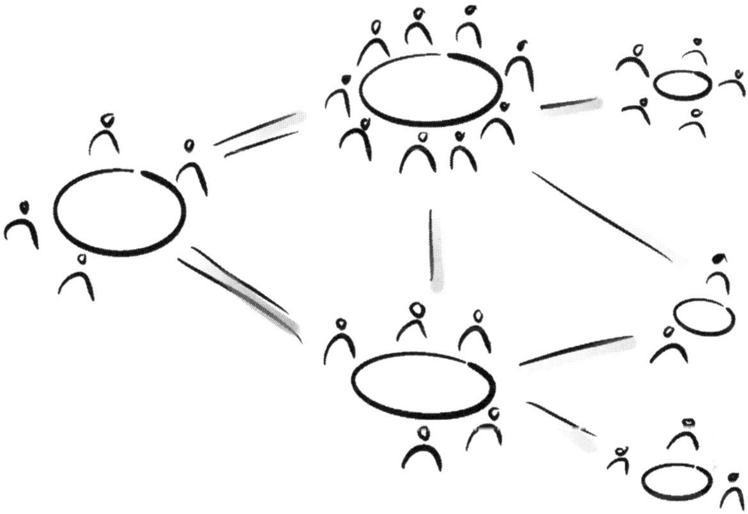

Informationskanäle

- Ebendiese Informationskanäle zu definieren: Wie wird welche Information über welchen Kanal an wen gesendet?

Den Knotenpunkt »Besprechung« ritualisieren und Termine fest einplanen

Gerade die Theater mit ihrer von Natur aus bewegten Struktur können davon profitieren, wenn sie auch hinter der Bühne ritualisierte Besprechungsstrukturen einführen.

Dabei sollten die sogenannten Jours fixes nicht zu Jours flexibles werden, die immer wieder Feuerlösch-Aktionen zum Opfer fallen. Uns ist beim Verschieben von Terminen nicht bewusst, wie viel Zeit wir mit der Terminsuche und -koordination verbringen. Ritualisierte Termine finden einfach statt, unabgesprochen. Auch wenn nicht jedes Mal alle teilnehmen – die Tatsache, dass sie stattfinden, ermöglicht einen Begegnungsanker im

Alltag. Diejenigen, die nicht dabei waren, wissen, dass zu einem ganz bestimmten Zeitpunkt Informationen ausgetauscht wurden, und können sich im Nachhinein anhand des Protokolls oder bei Kolleg*innen kundig machen.

Gerade Konflikt- und Reflexionsbesprechungen kommen in der Regel viel zu kurz, wenn sie nicht so fest eingeplant sind wie beispielsweise das Konzeptionsgespräch und die Bauprobe. Da die schnellen Besprechungen wegen der vermeintlichen Dringlichkeit Vorrang haben, werden grundlegende Themen fortwährend vertagt – und letztlich nie mehr besprochen (s. »Eisenhower-Prinzip«, S. 113 f.). Das Argument: Dafür haben wir jetzt keine Zeit. Wenn wir allerdings die vielen Kaffeegespräche zusammennehmen, die möglicherweise mit unnötigen Lästereien verbracht werden, die Grübeleien nach der Arbeit, den schlechten Schlaf, die wachsende Anspannung, die ein unaufgearbeiteter, schwelender Konflikt mit sich bringt, dann ist ein klärendes einstündiges wöchentliches Treffen nichts im Vergleich dazu. Sogenannte »Klima-Gespräche« dienen der »Reinigung der Luft« und befreien den gemeinsamen emotionalen Raum von unnötigen Belastungen.

Die »Klima-Gespräche« könnten zu Beginn in kürzeren Abständen stattfinden, entweder als Teil des wöchentlichen Teammeetings (allerdings nach einer Pause und entsprechender Einstimmung [s. langsame Besprechungen, S. 44 ff.]) oder als separates Treffen alle zwei Wochen und danach einmal im Monat. Wenn sie in weniger belasteten Zeiten eingeführt und etabliert werden, können sie ihre klärende Wirkung gerade in stressigen Zeiten kraftvoll entfalten. Wenn wir es mit einer Lernkultur und der Selbstentfaltung ernst meinen, benötigen wir entsprechende »Weiterbildungsräume« für die Zusammenarbeit. Sonst bleibt alles, wie es ist.

Sitzungskultur und Kommunikationskanäle neu strukturieren

Meist hilft es, sich die gesamte Sitzungsstruktur der schnittstellenübergreifenden Besprechungen einmal vor Augen zu führen und sie zu analysieren. Hier einige Fragestellungen, anhand derer man sich durch dieses Dickicht hindurcharbeiten kann:

- Welche Schnittstellen-Besprechungen finden statt?
- Was ist Ziel/Funktion/Aufgabe der Besprechung?
- Wann und wie häufig finden sie statt (im Zeitablauf)?
- Wer nimmt teil?
- Was läuft gut?
- Welche zwei bis drei Hauptschwierigkeiten erkennen wir?
- Welche zwei bis drei Veränderungen könnten wir vornehmen (z. B. Können wir Besprechungstermine zusammenlegen und anders strukturieren?)
- Wer kümmert sich darum? Bis wann? Wer kontrolliert? (s. »Verbindlichkeit schaffen mit *smarten* Zielen«, S. 114 ff.)

Ebenso gilt es, die schnittstellenübergreifenden Kommunikationskanäle zu hinterfragen:

- Welche schnittstellenübergreifenden Kommunikationskanäle nutzen wir (E-Mails, Telefon, Schwarzes Brett, Kantine)?
- Welche Regeln, Verabredungen, Gewohnheiten gelten da? (s. E-Mail-Regeln, S. 169 ff.)
- Was läuft gut?
- Welche zwei bis drei Veränderungen könnten wir vornehmen?
- Wer kümmert sich? Bis wann? Wer kontrolliert?

Fehlende Voraussicht und Prozessstrukturen führen dazu, dass viel unvorbereitet übers Knie gebrochen wird und schnell noch ein Termin am Abend oder Wochenende eingefügt wird. Es herrscht das konstante Gefühl einer latenten Unzuverlässigkeit und der Druck, nie abschalten zu können, da man in dem Chaos sonst etwas verpassen könnte.

Eine Grundregel: Je flexibler der Arbeitsplatz, desto strenger die Informationsregeln. Wer an einem festen Büroplatz sitzt und die Kolleg*innen konstant sieht, wird genügend über den kontinuierlichen Austausch mitbekommen. Je mehr die Mitwirkenden nur zu bestimmten Zeiten zusammenkommen – wie Künstler*innen-Ensembles – oder Mitarbeitende in der Verwaltung die Telearbeitsmöglichkeiten wie Homeoffice nutzen können, desto klarer, zuverlässiger und strenger muss der Informationsfluss geregelt sein.

Auch hier lassen sich Grundprinzipien festhalten, auf die ich auf den nächsten Seiten näher eingehen werde:

- Pull- statt Push-Prinzip
- Keep it simple! bzw. vereinfachen, aufräumen und loslassen

Pull- statt Push-Prinzip

Oft genug wird in Theaterbetrieben der Informationsfluss kritisiert. Vor allem wenn Mitteilungen über verschiedene Kanäle gesendet werden, gibt es immer eine Informationslücke oder zumindest das Gefühl, etwas nicht mitbekommen zu haben. Das kann sich sehr leicht emotional auswirken: Mitarbeitende fühlen sich außen vor gelassen, ignoriert, abgewertet, gemobbt. Mangelnde Verständigung ist meist ein Versehen oder es gab dafür einen triftigen Grund, der allerdings nicht kommuniziert wurde, zum Beispiel: »Wir wollten deine Zeit respektieren.«, »Wir sind davon ausgegangen, dass nur eine Person aus der Abteilung vertreten sein wird.«

Sobald jemand vergessen wird, fühlt sich diese Person im schlimmsten Fall zurückgesetzt. Gleichzeitig ist sie dem stattfindenden oder nicht stattfindenden Informationsfluss »ausgeliefert«. Oft werden Mitarbeitende mit Informationen regelrecht zugeschüttet, aber nicht alle Informationen gehen alle etwas an. Oder eine sendende Person muss jedes Mal vorher genau überlegen, wer welche Information zu welchen Zeitpunkt benötigt. Plötzlich kursieren hinfällige, Quer- oder Falschinformationen. Denn es gibt keine verlässliche Quellinformation.

Ein einfacher Weg, Zeit zu sparen, Konflikte zu vermeiden und vor allem Selbst-Verantwortung zu aktivieren, ist es, wenn die Informationen zentral verfügbar sind und man jederzeit darauf zugreifen kann. Eine gemeinsam geteilte Plattform oder auch nur ein gemeinsamer Ordner wären geeignete Mittel, um wesentliche Informationen einzusehen, herunterzuladen oder gegebenenfalls zu bearbeiten. Diese Plattformen oder Ordner können mit einer E-Mail-Nachricht eingestellt werden, damit jede*r benachrichtigt wird, wenn es wieder Neues gibt. Sicherlich ist dies nicht für alle Informationen geeignet, doch es würde die Mailflut wesentlich reduzieren.

Hier wirkt das sogenannte Pull-Prinzip, im Gegensatz zum Push-Prinzip, bei dem uns Informationen zugeteilt und wir zu etwas »gepusht« werden. Das Pull-Prinzip erfordert ein *Umdenken*: Wir müssen uns selbst und eigenverantwortlich um die für uns relevanten Informationen kümmern. Dies hat den großen Vorteil, dass wir in unserem Rhythmus arbeiten und unsere Tätigkeiten wesentlich aktiver gestalten können, wahrscheinlich auch effizienter.

Eine geteilte und für alle einsehbare Informationsquelle ist ein Ausdruck von Vertrauen und Augenhöhe. Damit ist gleichzeitig auch die Verpflichtung nach Eigenverantwortung verbunden, als Selbstverständlichkeit, ohne den beleidigten Unterton: »Ich werde immer vergessen und muss mich dann um alles selbst kümmern.«

Ablage-Systeme

Geregelte Ablage-Systeme können viel Zeit und Frust sparen. Dabei ist die größte Herausforderung, eine Struktur zu finden, die für alle sinnvoll ist und deren Regeln möglichst einfach sind.

- Was wird wo abgelegt?
- Wo werden die Protokolle abgelegt?
- Gibt es ein lebendiges bzw. fortlaufendes Protokoll, das kontinuierlich gepflegt wird (z. B. eine To-do-Liste, die stetig aktualisiert wird)?
- Wie werden Entscheidungen kommuniziert? Gibt es eine Entscheidungsliste?
- Was sollte schreibgeschützt abgelegt werden? Welche Information ist für wen zugänglich? Welche sind für alle offen?

Verlässliche Informationsquelle, die alle Kanäle speist

Ganz gleich für welche Form man sich entscheidet – ob Papier-, Online-Dokument oder Online-Tool: Alle brauchen eine zentrale Quelle, der sie vertrauen können. Es muss nicht unbedingt eine Online-Plattform, sondern könnte auch eine lebendige Organisationswand sein, die alle betrachten können (s. Grafik Kanban, S. 168). Die Herausforderung besteht darin, sowohl den individuellen Arbeitsbedürfnissen als auch dem Wunsch nach Transparenz und Mitteilung Rechnung zu tragen.

Mir ist bewusst, dass viele Gewerke und technische Abteilungen keinen beruflichen Zugang zu einem Rechner haben und dies oft das Argument gegen eine Online-Lösung ist. Hier sollten wir nicht zu kurzfristig denken. Die kommenden Generationen sind alle Digital Natives, die mit Smartphone und Social Media aufgewachsen sind und sicherlich auch im handwerklichen Bereich keine Schwierigkeiten hätten, sich über ein entsprechend zur Verfügung gestelltes Endgerät digital auszutauschen oder Informationen abzurufen.

Ein aufgeräumtes, nach Produktionen und Projekten aufgeteiltes Intranet oder eines der vielen üblichen Kollaborationstools wie Teams, Skype, Slack, Sharepoint, Confluence, Stackfield bzw. eine vernünftige Ordnerstruktur auf dem gemeinsamen Server können helfen. Auch Externe könnten dann darauf zugreifen und müssten nicht um jede Information kämpfen.

Egal wie die Quelle aussieht, am Ende gilt es, *gemeinsam* eine gute Lösung für einen effektiven Informationsfluss zu entwickeln.

Das lebendige Kanban-Board

Eine gemeinsame Informationsquelle kann auch beispielsweise ein sogenanntes »Kanban-Board«* sein. Kanban, japanisch für Karte, Beleg, Tafel ist ein Visualisierungstool, um Arbeitsaufgaben sichtbar zu machen. Es visualisiert das bereits erwähnte Pull-Prinzip, bei dem wir gemeinsam entscheiden, wann und was wir wie tun. Gleichzeitig sind sämtliche Arbeitsprozesse und -abläufe für alle sichtbar. Es ermöglicht eine visuelle Transparenz. Wie ausführlich man das System für seine Zwecke umsetzt, ist den Gruppen überlassen. Das System ist derart flexibel, dass man es auch selbstständig ergänzen und verändern kann. Die Mini-Version mit ihren Prinzipien sei im Folgenden kurz erklärt:

Horizontal bietet es sich an, nach Produktionen zu gliedern und das Anstehende in »Arbeitspaketen« zu definieren, zum Beispiel: »Zwanzig Hosen für den Herrenchor«. Vertikal bieten sich die Spalten »To-do/Backlog« für die anstehenden Arbeitspakete an, »Doing/In Progress« für die, die in Arbeit sind (z. B. »Leder-

* Als weiterführende Lektüre: Mike Burrows: *Kanban: Verstehen, einführen, anwenden*, dpunkt.verlag, Heidelberg 2015.

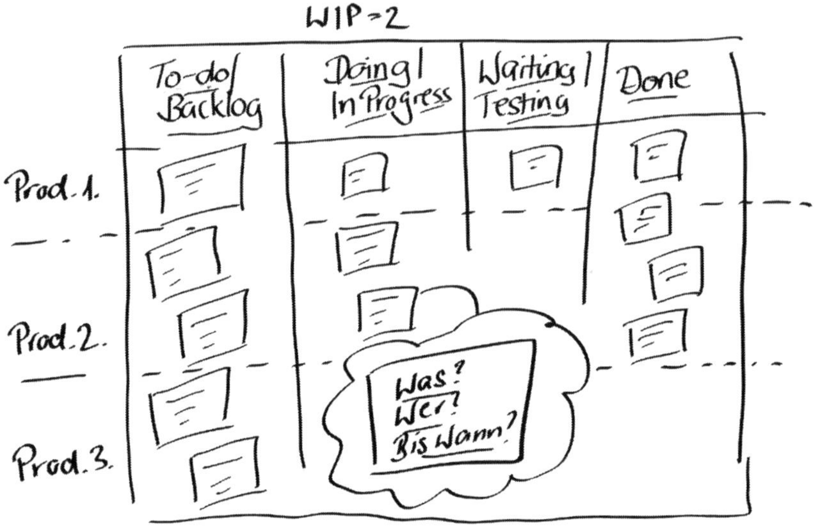

Mit Kanban Arbeitsprozesse sichtbar machen

mantel für Solistin«), »Waiting/Testing« für die, bei denen man auf Rückmeldung wartet. Alternativ könnte eine solche Spalte beispielsweise auch »Anprobe« heißen. »Done« für erledigte Arbeiten (»zehn Hüte Damenchor«).

Die jeweiligen Arbeitspakete werden auf Karten oder Klebezetteln sichtbar gemacht. Die Klebezettel können auch farblich unterschiedlich sein, Farben könnten bestimmten Personen oder Arbeitsfeldern zugeordnet sein, je nachdem, was sinnvoll ist.

Auf den Karten werden das Arbeitspaket und seine Inhalte grob beschrieben, eine verantwortliche Person benannt und ein Termin festgelegt.

WIP heißt »Work in progress«: In meinem Beispiel (s. obige Grafik) gibt es zwei WIPs, das heißt, maximal zwei Arbeitspakete können von einer Person gleichzeitig bearbeitet werden. Diese Begrenzung hat den Zweck, dass Aufgaben auch wirklich angegangen werden. Die Regel zwingt uns, dass wir uns nicht zu viel aufladen. Sie ermöglicht uns außerdem, weitere Arbeitsaufträge abzulehnen. Wenn wir bereits zwei Dinge bearbeiten, müssen wir erst ein Arbeitspaket abschließen, bevor wir uns um ein neues kümmern können.

An einem solchen sichtbaren Board lassen sich Arbeitsprozesse in Abteilungen (z. B. in der Kostümabteilung) oder an den Schnittstellen (z. B. im Personalrat, beim betrieblichen Gesundheitsmanagement, in Dispo-Sitzungen etc.) leicht miteinander abgleichen. Und man sieht auch, wer gerade woran arbeitet.

Regeln für E-Mails und Social Media definieren

Oft werden E-Mails und zunehmend auch Social-Media-Kanäle wie WhatsApp als Informationsquellen genutzt. E-Mails dienen im Idealfall der Absprache und schriftlichen Festlegung von Daten, Sachlichem, Legalem. Sobald der Schriftverkehr und die Verhandlung abgeschlossen sind, muss ein Übertrag in eine Datenquelle erfolgen, in der die entschiedenen und endgültigen Informationen für alle zugänglich sind. Im Grunde müssten die Kommunikationskanäle wie E-Mail, Social Media usw. lediglich nüchterne Organisations- und Randkanäle sein, um die Hauptquelle zu speisen.

Manchmal führen dann strukturelle Probleme zu emotionalen Konflikten. In einem Fall war der Vorwurf der Technik an das Künstlerische Betriebsbüro, dass es sich »ständig einmischen würde«. Das Betriebsbüro wiederum warf der Technik vor, nicht mitzudenken. Ihre Lösung war am Ende ganz praktisch: Jede E-Mail mit Informationen wird mit einer Eingangsbestätigung quittiert, das gemeinsame Planungstool wird aktiv genutzt und Aufgaben werden klar delegiert (s. »Verbindlichkeit schaffen mit *smarten* Zielen«, S. 114 ff.).

Schwierig wird es, wenn in E-Mails emotionale und zwischenmenschliche Aspekte verhandelt werden. Bei geklärten Sachständen ist dies auch kein Problem, wenn man sich etwa entschuldigen oder inhaltliche Agenden schaffen möchte. Nachvollziehbar ist es auch, wenn man sich schriftlich absichern möchte. In den meisten Fällen ist aber ein persönliches Gespräch sinnvoller. Danach kann ein schriftliches Protokoll abgelegt oder verschickt werden.

Wenn die E-Mail-Flut für Kleinst-Absprachen überhandnimmt, rate ich immer zu einem persönlichen Gespräch mit anschließendem Ergebnisprotokoll. Zu denken gegeben hat mir in diesem Zusammenhang ein Bericht von Christoph Keese in seinem Buch *Silicon Valley*, in dem er beschreibt, wie nur diejenigen, die vor Ort sind, Einfluss haben. »Erwartet hatte ich von meiner Reise eine hypervirtuelle Welt (…). Doch virtuelle Welten sind out. Sie sind nirgendwo so unbeliebt wie bei ihren eigenen Erfindern.«* Persönliche Begegnungen und physisch erlebte Vernetzungen sind trotz digitaler Errungenschaften nach wie vor unverzichtbar (und können erstaunlich effizient sein, wenn man das Wesentliche nicht aus den Augen verliert).

Regeln für E-Mails und Social Media gemeinsam aufstellen

- Welche Inhalte werden per E-Mail kommuniziert und welche nicht (z. B. bei emotionalen [schwierigen] Themen auf der Beziehungsebene)?
- Welcher Kanal wird für welche Information genutzt?
- Wie sortiere ich Entscheidungen und festzuhaltende Ergebnisse aus dem Diskussions-Thread bei Social Media oder in meinem E-Mail-Programm aus?
- Wie häufig und über welche Kanäle sende ich die gleiche Information? (Oft werden mehrere Kanäle bespielt, um

* Christoph Keese: *Silicon Valley. Was aus dem mächtigsten Tal der Welt auf uns zukommt*, Penguin Verlag, München 2016, S. 44.

»sicherzugehen«, dass die Botschaft ankommt. Das frisst die Zeit der anderen und macht das Beantworten nicht schneller.)

- Wie ist der Betreff aufgebaut (z. B. Info: / Krankmeldung:)? (Die E-Mail könnte sofort in den dafür vorgesehenen Ordner geschoben werden. Diesen können Sie zu einem selbstgewählten Zeitpunkt bearbeiten.)
- Wann ist wer in cc? Was bedeutet das für die Person in cc?
- Kann ich E-Mails bündeln und Informationen sammeln?
- Wie schnell sollen E-Mails beantwortet werden? Sollen reine Informations-E-Mails auch beantwortet werden?
- Welche automatisierten Funktionen kann ich nutzen (z. B. Weiterleitungen in feste Ordner)?
- Welche Unterordner nutze ich?
- Wie konnten funktionale E-Mails (Personalrat@, Intendanz@, Kostümabteilung@ ...) helfen?
- Welche Abwesenheits-Notizen mit Regeln (z. B. Wer vertritt? Hinweis, dass E-Mails in Abwesenheit nicht gelesen werden etc.) haben wir?
- Wie sieht es mit Ansprache und Grußformel aus?

Keep it simple!

Das folgende Grundprinzip kann ich aus eigener beruflicher und privater Erfahrung wärmstens empfehlen: Keep it simple! Nicht mehr, sondern weniger ist oft die beste Lösung. Die Kunst ist es, sich von Dingen, die überflüssig bzw. hinderlich sind oder ablenken, zu verabschieden. Tools wie Social Media oder Kollaborationsplattformen sollten wir gut im Griff haben und beherrschen, und nicht umgekehrt. »Sharpen your saw«*: Nicht

* Vgl. Stephen R. Covey: *The 7 Habits of Highly Effective People*, Simon & Schuster, London 2004, S. 287 ff.

tausend Dinge nutzen, sondern nur wenige, die Sie bis ins Detail beherrschen und konsequent verwenden sollten. Fragen Sie sich, welche Dinge wirklich wichtig sind und Sie am Ende weiterbringen.

Aufräumen, loslassen, »putzen«

Der Weg zu einem Meisterwerk ist im Grunde eine Art Reinigungs- oder Klärungsprozess. Im Tanz spricht man beim Verfeinern einer Choreografie auch von »putzen«. Es geht darum, den Ausdruck in seiner reinsten Form hervorzubringen, zur Essenz zu kommen und den Raum nur für das zu öffnen, was erscheinen will. Plötzlich wirkt ein höchstkomplexes Stück stimmig, leicht und flüssig – geradezu schlicht – eine vielschichtige Operninszenierung wird plötzlich wie von einer fließenden, ruhigen Kraft getragen bei aller gleichzeitig stattfindenden Dramatik.

Auch in großen Organisationsentwicklungsprozessen hat dieses Prinzip meist die größte Hebelwirkung: Wenn wir die entscheidenden Stolpersteine aus dem Weg räumen oder verändern, um die herum alle möglichen Umwege gebaut sind – zum Beispiel langsame Rechner, schlechtes Arbeitsmaterial, schwieriges Dispoprogramm –, wird das gesamte System gelöster, reibungsloser und meist auch schneller funktionieren.

Zur Essenz vorzudringen, bedeutet auch, das Überflüssige und Hinderliche loszuwerden. Das kann man auch auf die strukturelle Kommunikation übertragen:

- Was ist wirkungslos und hemmend in unseren Besprechungsformaten?
- Welche Besprechungen sind unnötig oder könnten zusammengelegt werden?
- Welche Kanäle/Leitungen könnten gereinigt oder neu gelegt werden?

Im Fokus steht also das *Aufräumen*, um klarere Gedanken fassen, gesündere Strukturen und eine bessere Atmosphäre schaffen zu können. Es geht letztlich um die Entwicklung eines Freiraums, den wir in kreative Unordnung stürzen können – aus einer bewussten Position der Stärke heraus (und nicht trotz eines energiezehrenden Chaos darunter), unter klaren Rahmenbedingungen. (s. »Raum und Material«, S. 64 f.).

Wichtig: Die Motivation hinter dem »Putzen« ist nicht die der (marktwirtschaftlichen) Effizienz und einer leistungsorientierten Ausnutzung der Arbeitskraft, sondern eher die Suche nach einer sinnvollen Arbeits- und Lebensgestaltung.

Eine spannende Übung kann daher das »Entrümpeln« sein:*

Entrümpelungs-Übung

- Was können wir physisch wegwerfen? Was passt nicht mehr?
- Was können wir im übertragenen Sinn wegwerfen (= aufhören)? Wovon können wir uns trennen?

Eine motivierende Übung ist es, an sieben aufeinanderfolgenden Tagen 24 Dinge wegzuwerfen oder auszusortieren (von ganz simplen Dingen wie einem kaputten Bleistift bis hin zu Sitzungsstrukturen): im Büro, in der Werkstatt, bei der gemeinsamen Arbeit im Team, bei mir persönlich: Angewohnheiten, Materialien etc.

* Vgl. den englischen Begriff *clutter clearing* (von Gerümpel befreien), zu dem es einige Ratgeber gibt. Diese Übung stammt aus einem Video von Denise Linn.

Weniger angehen schafft schnellere Veränderungen

Wenn wir Gewohnheiten ändern, dauert es ein wenig, bis sich neue Rituale etablieren. Egal, was Sie angehen, ob Sie Sitzungsstrukturen ändern und entschlacken, Kommunikationskanäle neu einrichten … gerade zu Beginn ist es notwendig, sehr konsequent an diesen neuen Strukturen festzuhalten, auch wenn das eine oder andere schwierig ist, scheitert oder sich noch unorganisch anfühlt. Am Anfang gibt es eine Übungsphase, die berühmte Durststrecke. Lassen Sie sich nicht davon abbringen, weiter an der Veränderung festzuhalten und sie bewusst auszuprobieren. Nach einer angemessenen Zeit (bei wöchentlichen Sitzungen z. B. zwei Monate) kann man wieder überprüfen, was wirklich ungünstig ist und nicht nur aus der Unbequemlichkeit des Anfangs herrührt.

Immer wieder sind es die kleinen Schritte, die uns letztlich aber voranbringen: So ging es in einem Fall darum, die Sitzungskultur zu hinterfragen und neu zu strukturieren. Wir haben bei der zentralen Sitzung begonnen und diese zunächst »sortiert«. Einige weitere Besprechungen in der Woche fielen damit weg. Man beginnt an einer Stelle und schaut, was dann passiert und welche Fragen und vielleicht sogar organischen Lösungen sich auftun.

Das große Bedürfnis ist oft, alles auf einmal anzupacken – am Ende scheitert man dann vor dem Riesenberg an Baustellen. Als würde man alle Schränke einer Wohnung in die Mitte kippen, um dann zu überlegen, wo man wie mit dem Ausmisten anfängt. Auch das funktioniert, aber erfahrungsgemäß ist ein solch radikaler Veränderungsprozess nicht stringent im Alltag zu integrieren. Kleine Übungsschritte sind da hilfreicher und für uns Gewohnheitsmenschen erträglicher (vgl. »Feedback-Dreiklang als Basisformat«, S. 182 ff.).

Eine bewusste Kommunikationsstrategie entwickeln

Wenn wir etwas kommunizieren möchten, seien es kleine Infos (z. B. den Tagesplan) oder ausführlichere Informationen (z. B. wer in welchen Produktionen welche Aufgaben übernehmen soll), benötigen wir eine passende Kommunikationsstrategie: Wer muss wann von wem über welchen Kanal diese Mitteilung in welcher Form bekommen? Welchem Zweck dient sie? Und: Ist es eine Informations-Einbahnstraße oder gibt es auch Rückläufe?

Im Folgenden einige Fragen, die man sich zur Orientierung stellen kann:

- Kenne ich meine Empfänger*innen? Ist die Zielgruppe klar? Bekommen die richtigen Personen die Information?
- Was kommuniziere ich? Wie detailliert (so wenig wie möglich, so viel wie nötig)? Wie ist die Ansprache?
- Was ist das Ziel der Kommunikation? Was will ich damit erreichen?
- Wie gestalte ich die Information? Wie klar?
- Welches Format wähle ich (Newsletter, persönliche Ansprache, E-Mail …)?
- Welche Kanäle kombiniere ich sinnvollerweise? Wie zugänglich sind die Kanäle?
- Wann kommuniziere ich?
- Wie häufig?
- Wie ermögliche ich Feedback (wenn überhaupt)?
- Wer kommuniziert?
- Was könnte die Kommunikation auslösen? Womit rechne ich? Was verspreche ich möglicherweise indirekt, was ich nicht halten kann? Wo könnte ich missverstanden werden?

Tipps und Anregungen zu Kommunikationsflüssen

- Geben Sie relevante Informationen weiter. Achten Sie darauf, dass Sie dabei die für die Empfänger*innen passenden Kanäle bespielen. Eine E-Mail dreimal abzuschicken, bringt nichts, wenn eine Schreinerin den ganzen Tag an der Werkbank steht.
- Aktivieren Sie das bereits vorhandene interne Wissen im Haus. Meist arbeiten die online-affineren Abteilungen (Dramaturgie, Kommunikation, Marketing, Verwaltung) bereits in der einen oder anderen Form mit Online-Tools. Fragen Sie dort einmal nach. Vielleicht könnte man eine AG gründen oder konkrete Termine vereinbaren, an denen die digitalen Werkzeuge einzelnen Mitarbeitenden erklärt werden.
- Informieren Sie sich bei Ihrer IT-Abteilung. Allerdings ist diese meist nicht für die Programme und Tools zuständig. Sie könnte jedoch beraten und vielleicht auch einmal in der Woche eine offene Sprechstunde einrichten, in der Fragen gestellt, gemeinsam besprochen und vielleicht übergreifende Lösungen gefunden werden.
- Besprechen Sie mit Ihrem Team, was eine gute und zentrale Datenquelle sein könnte. Vielleicht reicht auch ein einfacher Mitteilungs-Ordner, der an einem bestimmten Ort ausliegt.
- Schauen Sie, mit welchen Programmen und Formaten Sie bereits arbeiten und wie Sie diese noch besser für Ihre Zwecke einsetzen können. Wir nutzen meist nur einen Bruchteil der Features. Lieber investiere ich einen Blick in YouTube-Erklärvideos für ein Programm, mit dem ich bereits vertraut bin, als ein völlig neues aufzusetzen und kennenzulernen (s. »Keep it simple!«, s. S. 171 f.).

- Das Kanban-Motto »Stop starting, start finishing« (Höre auf zu starten, beginne zu beenden)* kann eine Erinnerungsstütze sein, wenn wir in der Alltagsarbeitsvielfalt unterzugehen scheinen. Welche Arbeitsschritte lassen sich abschließen? Und geben uns dabei das Gefühl, etwas geschafft zu haben?
- Entrümpeln Sie in regelmäßigen Abständen. Es ist immer wieder erstaunlich, wie viel Energie es freisetzt und was wir an Unerledigtem finden.

* Dieser Satz wird David J. Anderson, einem der Pioniere der Kanban-Bewegung, zugeschrieben.

Motoren des Lernens und Wandelns: Beispiele für Reflexionsformate *am* System

Anliegen dieses Buches ist es, *Wandel nicht als leidiges Übel, sondern als einen festen Bestandteil zu begreifen und entsprechende Strukturen mit Bedacht in einer Institution aufzubauen.* Ein unabdingbarer Schritt, den ich in diesem Zusammenhang sehe, ist die Einführung einer fest verankerten kollektiven Besprechung *am* System, um der kontinuierlichen Veränderung einen bewussten Raum zu geben.

Während die schnellen Sitzungen geläufig sind, werden den Reflexionsformaten im Berufsalltag kaum Beachtung geschenkt, obwohl sie die eigentlichen Lernräume in einer Organisation sind.

Reflexionsgefäße sind Verortungsphasen, »Gesundheitschecks« oder »Systemdiagnosen«, Räume, in denen frühzeitig Schwierigkeiten erkannt werden, bevor sie zu größeren Konflikten heranwachsen. Oder es sind einfach Räume des Innehaltens, um auf das zu schauen, was gut war, was Freude ausgelöst hat und worauf wir stolz sein können. Es sind Phasen, in denen wir uns – sofern wir den Sinn darin sehen – aus dem System in die Vogelperspektive begeben und Rückschau halten. Sie sind die Treiber des kontinuierlichen Verbesserungsprozesses oder zumindest des Prozesses der Anpassung an die sich wandelnden Gegebenheiten – vergleichbar mit Yoga-Übungen: Sie halten das System geschmeidig und bewegungsfähig.

Dieses Kapitel soll Beispiele aufzeigen, wie wir mit einfachen Mitteln Reflexionsformate in die Praxis integrieren können.

Einfache Austausch- und Kennenlernformate

Es lässt sich viel leichter miteinander arbeiten, wenn wir mehr voneinander wissen und uns vertrauen. Dazu benötigen wir Begegnungsräume, in denen wir in Kontakt treten und gemeinsame Erfahrungen sammeln können. Diese Räume können auch gezielt in den Arbeitsalltag eingepflegt werden, jenseits von Weihnachtsfeiern oder Betriebsausflügen. Im Folgenden einige Vorschläge:

- Hausinterne Hospitanzen: Es werden Austauschlisten eingeführt, auf denen man sich zu einer kurzen (etwa dreistündigen) Hospitanz in einem anderen Bereich eintragen kann.
- Theaterübergreifende Hospitanzen: Dank unserer deutschen Theaterdichte könnte man einen kollegialen ein- bis zweimonatigen Austausch innerhalb der Theater organisieren, um voneinander zu lernen.
- »Blind-Date-Mittagessen«: Mithilfe einer Liste kann man sich mit noch unbekannten Kolleg*innen zum Mittagessen verabreden.
- »Kaffee-Kreis«: Führungskräfte laden abwechselnd unterschiedliche Gruppen von Mitarbeitenden zu einem Kaffee und/oder Snack ein und nutzen die Zeit, um miteinander über Dinge jenseits der Arbeit zu reden.
- »IT-Café«: Einmal im Monat gibt es kleine Frage- und Impulsrunde in der Kantine zum Thema IT und Software, um die interne Digitalisierung voranzutreiben.
- Kollegiale Weiterbildungen: Hausweit werden interne Impuls-Vorträge ausgeschrieben – von Kolleg*innen für Kolleg*innen, eventuell sogar mit Lernausflügen in lokal ansässige Wirtschaftsunternehmen o. Ä.
- Büros werden von unterschiedlichen Sparten und ggf. sogar Gewerken geteilt.
- Impulstage: Begegnungstage mit Diskussionsmarktplatz/Zukunftswerkstatt für das ganze Haus, in denen aktuelle Frage-

stellungen oder Zukunftsbilder entwickelt werden (s. Großgruppenformate, ab S. 203).
- Es wird ein zentraler Ort der Begegnung geschaffen (s. »Kraftort für das Gemeinsame«, S. 67 ff.).

Von ausgewählten Kolleg*innen Feedback erhalten

Wenn eine größere Gruppe (z. B. Schauspielkolleg*innen) einer Person Feedback geben soll, ist es oft besser, wenn dies nur einzelne Personen tun, die man selbst ausgewählt hat. Entweder hält man zu Beginn einer Probe, Präsentation oder Besprechung etc. fest, wer am Schluss Rückmeldung gibt, oder es wird danach festgelegt.

Die Qualität dieses Formats ist es, dass alle zuhören und von dem Feedback lernen können, gleichzeitig aber nicht alle etwas sagen und dadurch keine kollektive Bewertung stattfindet.

Erfahrungsgemäß sucht man sich nicht nur die vermeintlich bequemsten und zugewandtesten Personen aus. Meistens will man wirklich dazulernen. Vielleicht gibt es Tage, an denen wir mehr Herausforderung suchen und gezielt andere Personen auswählen. Zudem erfahren wir die Selbstwirksamkeit – uns wird nicht einfach direkt Feedback gegeben, sondern wir entscheiden, von wem wir es bekommen wollen. Auf diese Weise können wir unsere Lernkurve selbst lenken.

Umgekehrt entsteht auch eine Verantwortung für die »ausgewählte« Person: Von einer Person gebeten zu werden, ihr vor allen Feedback zu geben, ist eine besondere Form der Wertschätzung. Und in der Regel wird sich die*der ausgewählte Kolleg*in bemühen, ein konstruktives und hilfreiches Feedback zu geben. Zudem gibt es meist auch noch andere Personen, die aufgrund ihrer Funktion automatisch Feedback geben und ihre Perspektive einbringen werden, wie Kolleg*innen aus den Bereichen Regie oder Dramaturgie.

Exkurs: Feedback-Regeln

Die Feedback-Regeln lassen sich jederzeit spontan als Reflexionsgefäß einsetzen. Im Folgenden nochmals eine Zusammenfassung der wichtigsten Regeln – weitere Ausführungen dazu finden Sie in meinem Buch *Erste Hilfe für die Künstlerseele**.

Feedback geben mit der WWW-Formel

1. *Wahrnehmung* – Ich biete meine Wahrnehmung aus meiner Perspektive an, möglichst wertfrei, konkret, beschreibend und zeitnah.
2. *Wirkung* – Ich beschreibe die Wirkung auf mich mit »Ich-Botschaften«, die durchaus emotional sein können (Achtung: Keine Vorwurfe!)
3. *Wunsch* – Ich formuliere einen Wunsch oder eine Bitte.

Sollte es sich um ein bewusst gesetztes Feedback- oder auch Kritikgespräch handeln (z. B. von der Leitung an Mitarbeitende), hilft es, auf den Rahmen zu achten, sich Zeit zu nehmen, sich gut vorzubereiten und auch hier nicht eine lange Liste an Veränderungswünschen vorzutragen, sondern ein oder zwei wesentliche Aspekte herauszugreifen, auf die sich die angesprochene Person konzentrieren kann.

Feedback aufnehmen

Wenn wir von jemandem Feedback bekommen, sollte es zunächst einmal ruhig aufgenommen und verdaut werden. Beim Aufnehmen versuche ich, aktiv zuzuhören, mich bewusst für die Argumente der anderen zu öffnen, sie in eigenen Wor-

* a. a. O., S. 14/ff.

ten zu wiederholen, um zu sehen, ob ich sie wirklich verstanden habe.

Wir neigen oft dazu, sofort in Rechtfertigungen und Verteidigung zu verfallen oder auf Kritik impulsiv mit Gegenvorwürfen zu reagieren. In einem ersten Schritt hilft es, erst einmal mit »Danke für deinen Hinweis« zu antworten und durchzuatmen. Wenn man das Gefühl hat, mit seinen eigenen Emotionen und Reaktionen überfordert zu sein und nicht passend reagieren zu können, kann man noch hinzufügen: »Lass mich bitte in Ruhe darüber nachdenken, ich komme wieder auf dich zu.«

Wenn andere Feedback »falsch« geben

Oft werde ich gefragt, was zu tun ist, wenn die anderen die Regeln nicht kennen oder sie falsch anwenden. Die Feedback-Regeln funktionieren immer, egal, was die andere Seite sagt.

Wenn uns jemand eine Bewertung an den Kopf wirft, die wir auch als solche empfinden, und damit den ersten Schritt der Feedback-Regeln nicht ideal umsetzt, können wir »Verständigungsfragen« stellen: »Worauf beziehst du das? Was habe ich konkret getan, dass du zu diesem Schluss kommst? Wenn du sagst …, meinst du damit …?« So können wir die andere Seite in die Feedback-Formel lenken.

Feedback-Dreiklang als Basis-Format

Wer kennt es nicht aus Besprechungen, dieses ewige Kreisen um das immer gleiche Thema.

Erfahrungsgemäß liegt es an einer Falle, in die wir gerne hineintappen: Wir reden gern über Dinge, die schiefgelaufen sind. Damit fokussieren und befeuern wir das Negative und versinken im Jammertreibsand, der uns kontinuierlich nach unten zieht. Meist kommen dann nach und nach noch andere Dinge auf den Tisch, die in der Vergangenheit Probleme bereiteten. Wer dem standhalten kann, ist dennoch meist von der Vielzahl der aufgeworfenen Baustellen so überwältigt, dass die Lust auf einen ersten Schritt aus der Misere längst vergangen ist.

Mit Feedback-Formaten oder auch sogenannten *Retrospektiven* (Rückblicke) lässt sich in festgefahrenen Situationen eine neue Dynamik erzeugen. Ich halte mich dabei an einen verlässlichen Ablauf, den ich *Feedback-Dreiklang* genannt habe:

Feedback-Dreiklang (allgemeiner Ablauf)

Gehen wir von einer Zeitstunde »Gruppenarbeit« aus.

1. Schritt: Möglichst viel Positives sammeln
(Dauer ca. 20 Minuten)

- Was lief gut?
- Was gibt es »zu feiern«, zu würdigen, zu loben?
- Welche der gut gelaufenen Verhaltensweisen, Abläufe, Prozesse, Maßnahmen, Meetings etc. möchten wir weiterpflegen und institutionalisieren?
- Was möchten wir beibehalten und weiterpflegen?

Ziel: das Gute nicht aus den Augen verlieren, zur Motivation, Wertschätzung und Pflege (s. »Das Positive verstärken ...«, S. 146 f.)

2. Schritt: zwei bis drei zentrale Veränderungsansätze herausarbeiten
(Dauer ca. 10 Minuten)

- Wovon möchten wir mehr? Wovon weniger?
- Was möchten wir aufhören? Womit beginnen?

Ziel: die drei dringlichsten bearbeiten, weil diese dann viele andere Schwierigkeiten erfahrungsgemäß automatisch mitlösen. Bitte nicht das Problem beschreiben, sondern lösungsorientiert die gewünschte Veränderung (nicht

»die Sitzung verläuft ineffektiv« notieren, sondern »einen effektiven Sitzungsablauf entwickeln«)

3. Schritt: Konkrete To-dos entwickeln
(Dauer ca. 30 Mintuen)
• Wie setzen wir diese Änderungswünsche konkret um? Wie machen wir sie *smart*?
• Was möchten wir tun?
• Wer?
• Bis wann?
Ziel: ins Handeln kommen und Verbindlichkeiten schaffen durch Pat*innen für jedes To-do (s. »Verbindlichkeit schaffen mit *smarten* Zielen«, S. 114 ff.)

TIPP: Wenn Sie in verschiedenen Kleingruppen arbeiten und dann im Plenum die Ergebnisse mit anderen Gruppen teilen möchten, dann planen Sie noch Zeit für die Plenumsrunden ein. Bei mehreren Gruppen können Sie auch für den letzten Teil die Personen neu mischen, um die Ergebnisse mit frischen Ideen zu unterfüttern.

Bei diesen drei Schritten des Feedback-Dreiklangs ist der dritte Schritt oft der herausforderndste und mühsamste. An dieser Stelle müssen sich die Teilnehmenden der Gruppe verpflichten, eine Aufgabe und damit die Patenschaft zu übernehmen. Ohne diese Verpflichtung bleibt es meist nur bei den guten Vorsätzen des zweiten Schrittes, dem Wunsch nach Veränderung, und es erfolgt kein aktives Handeln. Daher ist es besser, sich auf wenige Aspekte zu konzentrieren und diese Lösungsideen so konkret, sinnvoll und machbar festzulegen, dass die Pat*innen mit Lust, sie umzusetzen, aus der Besprechung gehen (vgl. Phase 5 des Moderationszyklus, »Prioritäten setzen bei der Umsetzung – wichtige Dinge angehen«, S. 113 f.).*

	Stärken	Schwächen
Chancen	**Weiterentwickeln:** Welche Chancen können wir dank unserer Stärken nutzen?	**Nacharbeiten:** Wo können aus Schwächen Chancen werden und sich zu Stärken entwickeln?
Risiken	**Absichern:** Mit welchen Stärken können wir Risiken begegnen?	**Vermeiden:** Wo treffen Schwächen auf Risiken? Was sollten wir vermeiden?

SWOT-Analyse

Qualitäten der Formate

Je nach Fragestellung bietet es sich an, für das Reflexionsformat eine entsprechende *Qualität* zu wählen, beispielsweise eher nüchtern-sachlich, humorvoll-spielerisch oder emotional-spirituell. Je besser die Form bzw. Qualität zur Zielsetzung passt, desto leichter und schneller kommt es zu Ergebnissen. Manchmal ist es sinnvoll, durch die Nutzung einer ungewöhnlichen Form bewusst für Irritationen zu sorgen, um damit neue Denkweisen zu evozieren.

Nüchtern-sachlich

Wenn das logische, analytische Denken im Vordergrund steht, zum Beispiel um Vorschläge, Fakten zu sortieren, Risiken zu klären und konkrete nächste Schritte festzuhalten, wählt man eher eine nüchtern-sachliche Qualität, etwa die einfache, klassische Liste (S. 103) oder die SWOT-Analyse (s. obige Grafik)**. Dabei

---

* Vgl. auch *Feedforward*, das, im Gegensatz zum Feedback, den Fokus in die Zukunft legt, mit ganz konkreten Lösungsmöglichkeiten, Veränderungen von bestimmten Verhaltensweisen etc.

** SWOT ist ein englisches Akronym für *Strengths* (Stärken), *Weaknesses* (Schwächen), *Opportunities* (Chancen), *Threats* (Risiken). Die SWOT-Analyse ist in den 1960er-Jahren an der Harvard Business School entwickelt worden und dient der strategischen Analyse und Planung.

werden zum einen die Chancen und Risiken, die von außen auf uns zukommen, angeschaut, zum anderen die internen Stärken und Schwächen betrachtet und in Beziehung zueinander gesetzt, um beispielsweise zu sehen, wie dem Publikumsschwund während und nach Corona (Risiko) durch Kontaktaufnahme mit Abonnent*innen, künstlerische Onlineangebote etc. (Stärke) begegnet wurde. Auf einfache Weise helfen diese vier Felder, einen Überblick über die Situation zu bekommen und neue Ideen für die nächsten Schritte zu entwickeln oder im Nachgang zu reflektieren, wo welche Entwicklung stattgefunden hat, um daraus Lehren zu ziehen.

Humorvoll-spielerisch

Wenn es um neue Perspektiven, Kreativität und unmögliche, absurde, verrückte Dimensionen gehen soll, schaffen humorvoll-spielerische Formen Räume, um Neues zu denken und zu schaffen, zum Beispiel über assoziative Bilder (»Zeichnet bitte eure Vision ohne Worte.«) oder mit visuellen Vorgaben wie der »Speedboat«-Methode*. Alle Teilnehmenden beschreiben anhand der Metapher die aktuelle Situation und legen ihre verschiedenen Perspektiven übereinander. In einem Bild lässt sich somit eine komplexe Situation mit den verschiedenen Einflussfaktoren und den vielseitigen Perspektiven innerhalb einer Gruppe darstellen und meist wird sehr schnell klar, wo Entwicklungshebel sind.

---

* Vgl. Luke Hohmann: *Innovation Games: Creating Breakthrough Products Through Collaborative Play*, Addison-Wesley Professional, 2006.

Ablauf der »Speedboat«-Methode

Zunächst malt eine Person diese oder eine ähnliche grafische Darstellung auf ein großes Blatt, eine Pinnwand oder ein Flipchartpapier. Alle Teilnehmenden notieren nun ihre Gedanken zu den folgenden Fragen auf Klebezetteln (ein Klebezettel pro Begriff). Um die Metapher nochmals zu präzisieren: Das Team sitzt in einem Motorboot und steuert auf ein Ziel zu:

- Was sind unsere Ziele? Wohin geht die Reise?
- Was ist unser Antrieb? Welchen Treibstoff verwenden wir? Oder satteln wir auf ein Segelboot um?
- Was sind Hindernisse auf dem Weg? Welche Strömungen, Felsen, Untiefen oder »Wasserungeheuer« erschweren uns die Reise?
- Welche (unerwarteten) Hilfen und Chancen ergeben sich? Wie ist die Großwetterlage?
- Was hält uns zurück? Wo hat sich unser Anker verhakt?

Im Anschluss werden die Ergebnisse miteinander geteilt und besprochen.

Emotional-spirituell
Wenn wir Hintergründe von Konflikten verstehen, zwischenmenschliche Verbindungen und Teamgeist schaffen bzw. nach einem tieferen Sinn suchen möchten, sind Formen hilfreich, die eine emotional-spirituelle Dimension eröffnen.

Manchmal reichen einfach Besprechungen, die als »Klima-Gespräche« (s. S. 162) angesetzt sind. Ein Beispiel aus einer Theaterschreinerei: Jeden Montag um 10 Uhr findet eine 30-minütige Sitzung statt, in der nur emotionale Themen – aktuelle Konflikte und Zwischenmenschliches – besprochen werden. Der Abteilungsleiter teilte mir in einer Nachbesprechung mit, dass sich das Teamklima dadurch wesentlich verbessert habe, das Wir-Gefühl gestärkt worden sei und auch die fachliche Kommunikation reibungsloser verlaufen würde. Jede Woche wird jedem Teammitglied zu einem fest vereinbarten Zeitpunkt Raum und Möglichkeit geboten, auch Unangenehmes anzusprechen. Erfahrungsgemäß werden Mitarbeitende zu Beginn eher Oberflächliches ansprechen, weil sie sich erst vorsichtig an das Format herantasten. Möglicherweise wird nie wirklich Dramatisches aufkommen, denn – das ist ja das Ziel der Maßnahme –, wenn Dinge frühzeitig angesprochen werden, kann einer Eskalation vorgebeugt werden.

Je nach Problemstellung ist es sinnvoll, die Form des Reflexionsgefäßes zu wechseln. Wenn genügend Zeit vorhanden ist, können mehrere Qualitäten eingesetzt werden (z. B. beginnt man spielerisch, um neue Denkweisen aufzumachen, die man im Anschluss nüchtern-sachlich zusammenfasst).

Ressourcenorientiertes Fragen am Beispiel des *Appreciative Inquiry*

Ein interessanter Ansatz für ein Reflexionsformat ist eine Interviewform, die sich vollkommen auf das anerkennende Erfragen und Erforschen fokussiert – *Appreciative Inquiry/AI**. Dabei werden zur Problemlösung ausschließlich Stärken, Ressourcen und Potenziale in den Blick genommen. Oft vergessen wir, was wir alles können und in unserem Kompetenzkoffer haben. Dies kann ein wunderbarer Ansatz sein, um ergänzend zu anderen Analyseansätzen eine positive Grundstimmung zu erzeugen. Den Kern des *AI* bildet ein Set aus wertschätzenden Fragen, die man sich gegenseitig beispielsweise in einem Eins-zu-Eins-Interview stellen kann oder die reihum in einer Gruppe beantwortet werden. Ziel ist es, die Aufmerksamkeit eines Teams auf positive Erfahrungen und gemeinsame Erfolgserlebnisse zu lenken als Basis für zukünftiges Handeln.

Mögliche Fragen in einem wertschätzenden Interview

Mit Blick auf die Vergangenheit:

- Was hat mich bewogen, in diesem Betrieb/in dieser Institution/in diesem Ensemble anzufangen? Was hat mir besonders gut gefallen? Welche Potenziale habe ich gesehen?
- Wann war ich richtig glücklich/stolz, hier zu arbeiten? Warum? Wie habe ich/haben andere dazu beigetragen? Was hat mich konkret motiviert und inspiriert?
- Was läuft gerade reibungslos und sollten wir pflegen?
- Was kann ich aus dieser Erfahrung für die Zukunft nutzen?

* *Appreciative Inquiry/AI* ist ein werteorientierter Ansatz aus der Team- und Organisationsentwicklung, der in den 1980er-Jahren von David Cooperrider von der Case Western Reserve University in den USA entwickelt wurde (s. Wikipedia-Eintrag).

Mit Blick in die Zukunft lässt sich die Wunderfrage* ergänzen:

- Wenn alles perfekt liefe und du zufällig in fünf Jahren an diesem idealen Arbeitsort aufwachen würdest: Wie sähe er aus? Was würdest du erleben? Was wäre anders? … Was noch?

Komplimente-Dusche

Ein anderes einfaches Format aktiviert nicht nur, sondern fördert auch einen realistischen Blick auf unsere Situation. Es kommt aus der Transaktionsanalyse und wird als »Stroke-Dusche«** (*stroke* = engl. für Berührung, Streicheleinheit) oder einfacher »Komplimente-Dusche« bezeichnet. Wenn uns Positives gesagt wird, ist dies wie eine seelische Streicheleinheit. Es tut nicht nur gut, es beruhigt und setzt eine Situation in einen realistischeren Kontext. Wir sind mit unserem archaischen Gehirn noch immer auf Gefahren und Negatives gepolt, so dass wir ein Vielfaches an positiven Erlebnissen benötigen, um ein negatives zu kompensieren.

Diese Wirkung können wir auf Gruppensituationen übertragen. Ein Beispiel: Eine Ballettmeisterin hatte das Gefühl, ihre Compagnie würde ihr nicht mehr vertrauen, und sie wollte diesen für sie grundlegenden Konflikt ansprechen. Um eine konstruktive Grundstimmung zu schaffen und die Haltung der Einzelnen zu dieser Fragestellung zu verstehen, habe ich die Gruppe gebeten,

---

* Die Idee hinter der Wunderfrage ist, aus der Problemtrance herauszukommen und durch einen Fantasiesprung in eine ideale Zukunft nächste kleine Handlungsschritte in der Gegenwart zu erlangen. Vgl. Steve de Shazer/Yvonne Dolan: *Mehr als ein Wunder. Lösungsfokussierte Kurztherapie heute*, Carl-Auer Verlag, Heidelberg 2016, S. 70–101.

** Idealerweise nutzen wir die Stroke-Dusche nicht im Sinne der alternativen Bedeutung von *stroke* als »Schlag«. Vgl. Ian Stewart/Vann Joines: *Die Transaktionsanalyse*, Herder Verlag, Freiburg 1990, ab S. 116.

der Ballettmeisterin zunächst eine Komplimente-Dusche für ihre Arbeit zu geben. Reihum äußerten 15 Personen, was sie an ihrer Vorgesetzten schätzten und was gut laufen würde. Die ehrlichen, sehr überzeugenden warmen Worte lösten jegliche Fragen und den Vertrauenskonflikt auf. Im Anschluss konnten wir in entspannter Atmosphäre ein sprachliches Missverständnis aufdecken.

Eine Anmerkung in diesem Kontext: Wenn ich dazu auffordere, zu loben oder Komplimente zu machen, schlägt mir das Unbehagen entgegen, dies sei manipulierend und anbiedernd. Diese Einstellung würde bedeuten, dass wir niemals jemandem Mut machen können, niemals unsere Freude an Gelungenem oder unsere Bewunderung und Begeisterung für andere und ihre Leistung teilen können. Wenn wir – egal ob als Führungskraft oder Mitarbeiter*in – das Gefühl haben, nur Negatives äußern zu können, um glaubwürdig zu sein, wäre dies eine zutiefst traurige und verrohte Umgangskultur. Warum soll man Kritisches oder Konstruktives äußern dürfen, aber kein Lob?

Wenn ich weiß, dass mich jemand kritisieren kann, dann kann ich der Person auch Lob abnehmen.

Institutionalisierte Feedback-Personen im System

Manche Häuser etablieren institutionalisierte Feedback-Instanzen jenseits des gesetzlich vorgegebenen Personal- bzw. Betriebsrats, wie etwa einen Vertrauensrat, Diversitäts-AGs etc. Sie sind »Ohren im System« und können jenseits der Hierarchie Stimmungen beobachten und aufzeigen und konstruktive Entwicklungen frühzeitig in Gang bringen.

In manchen Changemanagement-Kontexten werden sie auch »Change Agents« genannt, denn sie haben meist einen atmosphärischen, stimmungsfördernden Auftrag je nach Ausrichtung: Sensibilisieren für Diversität und Wertschätzung oder Aufdeckung von Grenzüberschreitungen etc.

Diese Personen sollten von Anfang an gut in das gesamte System installiert werden, so dass sie wirklich jenseits der Hierarchiestufen als Brückenbauer*innen fungieren können und Ansprechpartner*innen für alle Mitarbeitenden sind. Auch hier gilt es, sie nicht zu überfordern, sondern ihnen klar die Grenzen ihrer Hilfsmöglichkeiten aufzuzeigen, und gleichzeitig ein Netzwerk von Profis an der Hand zu haben, auf die sie zurückgreifen können.

Schnittstellenformate wie Produktionsnachgespräche und Gefährdungsbeurteilungen

Besonders Workshops an betrieblichen oder inhaltlichen Schnittstellen können große Erkenntnisse liefern, wenn wir sie nicht über Vorwürfe, sondern über den Ansatz eines Dialogs und offenen Verständnisses begreifen.

Zum Beispiel schimpfte eine Dramaturgin über die unzuverlässige Technikleitung. Im Verlauf eines Schnittstellen-Workshops und dank dem daraus resultierenden besseren Verständnis für die Belange der Technik hat sie erkannt, dass sie früher planen muss.

Ideen für einen Schnittstellen-Workshop anhand des Feedback-Dreiklangs (s. S.182 ff.) (z. B. Künstlerisches Betriebsbüro und Technik)

- Jede Frage wird von beiden Seiten beantwortet und den jeweils anderen vorgestellt. Bis zum Schritt 3 sind nur Verständnisfragen erlaubt.

- Zum Einstieg eine Selbstvorstellung: Was soll die andere Gruppe von unserem Arbeitsalltag wissen? Was könnte ihr helfen, um uns und unseren Arbeitsalltag besser zu verstehen?

- **Der Dreiklang:**
  1. Was läuft gut in der Zusammenarbeit an der Schnittstelle? (Hier können so viele Punkte wie möglich aufgezählt werden.)
  2. Worin bestehen die drei wichtigsten Schwierigkeiten für uns an der Schnittstelle? Eine spannende Frage zur Ergänzung: Welche emotionalen (möglicherweise falschen?) Vorurteile/Wertungen ergeben sich daraus?
  3. Welche Erkenntnisse ziehen wir daraus? Was können wir den anderen in Zukunft anbieten als Verhaltensänderung unsererseits? Was schlagen die anderen vor?

Das Produktionsnachgespräch als Beispiel für sparten- und gewerkeübergreifende Feedback-Schleifen

Ein wirksames und praktisches Beispiel von sparten- und gewerkeübergreifenden Reflexionsräumen sind Produktionsnachgespräche. Diese Gespräche richten sich explizit an alle Mitarbeitenden, die an einer Produktion teilgenommen haben. Mittlerweile sind wir Online-Meetings gewöhnt, so dass sich auch externe Kunstschaffende – freie Regieschaffende, Bühnen- und Kostümbildner*innen –, die als Gäste dabei waren, nach dem Ende der Produktion dazuschalten können. Für viele ist es ein großes Bedürfnis, im Nachhinein die Abläufe nochmals zu reflektieren, auch um Lernimpulse für die eigene Arbeit mitzunehmen und zudem dem Haus ihre Perspektive zu schenken.

Vor allem an größeren Häusern ist es notwendig, dass Sparten und Gewerke in einen direkten Austausch gehen und diejenigen zu Wort kommen, die unmittelbar miteinander arbeiten und Schnittstellen in ihrer Arbeit haben. Dann erst besteht die reale Chance, entscheidende Hebel für eine sinnvolle Veränderung zu erkennen (s. auch Produktionsnachgespräch, S. 254 f.).

An dieser Stelle sei betont: Schnittstellenfunktionen wie Inspizient*innen oder auch Assistent*innen sind enorm hilfreiche Auskunftsquellen für konstruktive Veränderungsvorschläge, da sie die betrieblichen Unwuchtstellen unmittelbar zu spüren bekommen.

Produktionsnachgespräche sind erfahrungsgemäß dann nachhaltig, wenn die künstlerische und kaufmännische Leitung dahintersteht und sie mitinitiiert. Sie selbst müssen nicht unbedingt teilnehmen, sie können sie auch an die technischen oder künstlerischen Produktionsleitungen weitergeben. Die Aufgabe der Moderation kann herumgereicht werden oder von Kolleg*innen übernommen werden, die nicht Teil der Produktion waren. Im Nachgang sollten die angesprochenen Aspekte auch weiterverarbeitet werden, denn sonst wird bald klar, dass dies nur Alibiveranstaltungen sind, und die Motivation wird unmittelbar nachlassen.

Gefährdungsbeurteilung psychischer Belastungen als konkretes Analysetool

Mit dem Dreiklang (s. S. 182 ff.) als Grundstruktur lässt sich auch ein Workshop für eine Gefährdungsbeurteilung psychischer Belastungen gestalten, der im Grunde nichts anderes als ein arbeitsrechtlich vorgegebenes Reflexionsformat ist.* Hier werden die Arbeitsfelder Aufgabe, Umfeld, soziale Beziehungen, Organisation und neue Arbeitsformen abgefragt.

Diese Workshops, meist durchgeführt von der Fachkraft für Arbeitssicherheit oder von externen Anbieter*innen, dienen dazu, mit den Mitarbeitenden gemeinsam das psychische Gefährdungspotenzial der Beschäftigten einzuschätzen und entspre-

* Vgl. *Handlungsleitfaden zur Gefährdungsbeurteilung psychischer Belastungen für Beschäftigte in der Darstellenden Kunst,* Unfallkasse Nordrhein-Westfalen, 77, 2018.

Felder der Gefährdungsbeurteilung
psychischer Belastungen

chend sinnvolle Maßnahmen zur Reduzierung der Gefährdung einzuleiten. Meist wird den Teilnehmenden erst hier bewusst, wie sehr die Aspekte miteinander verschränkt sind und wie man Maßnahmen systemisch denken kann.

Daher ist es ratsam, aus einer langen Liste offener Baustellen drei bis vier Dinge zu priorisieren, für die konkrete Maßnahmen getroffen werden, die sich auch automatisch auf die nicht bearbeiteten Probleme auswirken werden. Die Teilnehmenden visualisieren meist intuitiv das, was systemisch selbstverständlich ist: Wenn wir uns auf die wesentlichen »Schmerzpunkte« konzentrieren und konkrete Maßnahmen mit so viel Ressourcen und Energie ausstatten, dass Dinge wirklich angegangen werden, lösen sich viele Nebenbaustellen von selbst.

Wird die Gefährdungsbeurteilung als kontinuierlicher Prozess ernst genommen, wird sie regelmäßig mindestens einmal im Jahr durchgeführt. Somit ist gewährleistet, dass keine Themen unter den Tisch fallen, sondern nach und nach bearbeitet werden können, ohne das System zu überlasten.

»Die Entwicklungsspinne«

Im Rahmen des Thinktanks »Zukunft des Theaters – Theater der Zukunft« (Stakeholder*innen der Theaterlandschaft entwickeln gemeinsam Wege in die Zukunft) (s. auch S. 214 ff.), den ich 2021 mit initiierte, entwickelten wir in einem Workshop ein praktisches Instrument, das wir die »Entwicklungsspinne«* nannten.

Ziel war es, ein leicht anwendbares Instrument zu konstruieren, das in allen Gruppengrößen funktioniert, inhaltlich flexibel, wiederhol- und damit vergleichbar ist. Inhaltlich sollte es komplexe Zusammenhänge und Abhängigkeiten in einem Kulturbetrieb sichtbar machen, anregen, in einen Dialog zu kommen und in Wandlungsprozessen als roter Faden dienen.

Zunächst ging es darum, die Analysefelder zu definieren. In unserem Prozess sind wir auf zwei Gegensatzpaare gestoßen, die unserer gemeinsamen Erfahrung nach zwei wesentliche Fragestellungen in der aktuellen Debatte aufmachen und die wir in einem Kreuz aufgespannt haben: vorgegebener Maßstab versus mitbestimmter Maßstab sowie kollektiv versus individuell. (Letztlich handelt es sich um die urmenschlichen Entwicklungsdimensionen »Freiheit« versus »Sicherheit« und »Ich« versus »Wir«.) In vier Quadranten zeigen sich für uns vier Prinzipien, denen wir entsprechende Begriffe zugeordnet haben.

---

* Ausführliche Beschreibung s. Dokumentation: www.zukunftdestheaters.de.

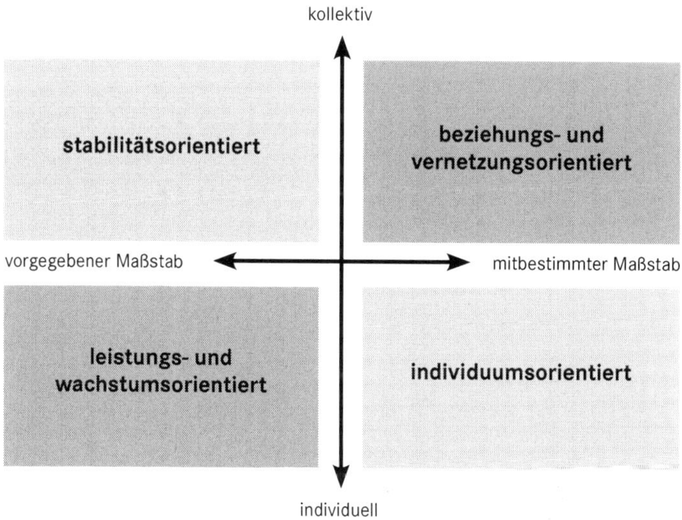

Vier Felder der »Entwicklungsspinne«

- stabilitätsorientiert: Tradition, Sicherheit, fester Kanon, klassisch
- leistungs- und wachstumsorientiert: Theater als Marke, effizient, ertragsfokussiert
- beziehungs- und vernetzungsorientiert: Gemeinschaft, Netzwerk, Teilhabe, Agilität
- individuumsorientiert: Selbstentwicklung, Genie, experimentell, individualistisch

Die eigentliche Analyse beginnt damit, eine Spinne aufzumalen und Merkmale für die einzelnen Bereiche aufzuzeichnen (s. Beispiel S. 198). Manchmal passen einzelne Merkmale in unterschiedliche Felder. Es geht bei diesem pragmatischen Ansatz nicht um eine wissenschaftlich fundierte Analyse, sondern um die Grundlage für einen Austausch. Gerade auch emotionale, schwer quantifizierbare Themen (z. B.: Wie fühlen wir uns gewertschätzt?) können auf diese Art handhabbar und sogar zählbar werden.

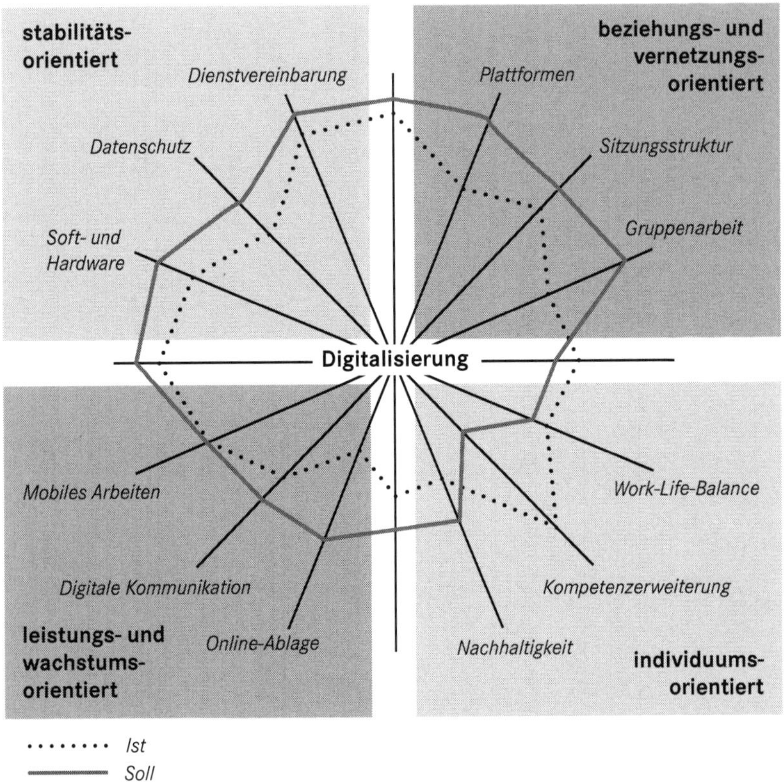

»Entwicklungsspinne« (Beispiel aus einem Workshop)

Sobald die Merkmale aufgeschrieben sind, können sie nun mit Punkten für Ist und Soll angegeben werden. Im Anschluss lässt sich sehr schnell sehen, wo Übereinstimmungen für die Gegenwart und auch für die Vision in der Zukunft liegen. Auch lässt sich daraus ableiten, wie einzelne Merkmale zusammenhängen und sich beeinflussen, zum Beispiel wird eine höhere Identifikation mit dem Unternehmen zu geringerer Fluktuation führen. Im Anschluss kann man sich überlegen, welche Maßnahmen am sinnvollsten wären, um mit einem Mal möglichst viele der Merkmale zu berühren.

Ein praktischer Ablauf (z. B. Drei-Stunden-Workshop)

1. **Frage/Anliegen definieren (idealerweise im Vorfeld und mit Einladung versenden)**
   Eine Fragestellung/ein Anliegen für ein konkretes Haus oder eine Abteilung (oder eine anonymisierte bzw. fiktive Gruppe) wird formuliert, zum Beispiel: »Wo stehen wir in Bezug auf Digitalisierung in unserem Haus?« (s. Grafik »Entwicklungsspinne«)
2. **Einstieg**
   Die Frage/das Anliegen wird nochmals kurz beschrieben und bestätigt. Der zeitliche Rahmen wird festgelegt – welcher Zeitrahmen soll mit dem Soll-Wert abgesteckt werden (in drei Monaten, in einem Jahr, in drei Jahren …)
3. **Merkmale definieren (ca. 30 Minuten)**
   Für jedes Prinzip werden gemeinsam zwei bis drei Merkmale entwickelt, die für diese Fragestellung/das Anliegen als relevant angesehen werden. Überprüfen, ob das jeweilige Merkmal für die Gruppe sinnvoll ist.
4. **Die Spinne befragen (10 Minuten)**
   Die Gruppe zeichnet eine Spinne auf ein Blatt, jede Person trägt mit Klebepunkten ihre Einschätzung ein, wo sich das Merkmal jetzt auf einer Skala von 0–10 (0 = Merkmal existiert nicht, 10 = Merkmal zu 100 % erfüllt) befindet. Ebenso wird der Soll-Wert eintragen. Dieser kann auch bei weniger liegen, d. h. weniger des Merkmals (z. B. weniger Produktionen). Alternativ kann auch jede Person die Spinne einzeln auf eine Folie aufmalen, diese Folien können dann übereinandergelegt oder als Dialoggrundlage genutzt werden.
5. **Reflexion (ca. 30 Minuten)**
   Welche Merkmale weisen die größten Diskrepanzen auf? Was bedeutet das? Wie kann das bewertet werden? Wofür steht das Merkmal? Welche Schlüsse ziehen wir daraus?

6. **An dieser Stelle bietet sich eine Pause an.**
7. **Handlungsimpulse** (ca. 1–1,5 **Stunden**)
   Zunächst wird das Merkmal mit den größten Differenzen betrachtet. Welche Maßnahmen könnten hier hilfreich sein? Was wären erste Schritte?
   Hier können auch in Kleingruppen mehrere Aspekte gleichzeitig behandelt werden.

Tipps und Anregungen für Reflexionsformate

- Der rote Faden dieses Kapitels ist der kontinuierliche Verbesserungszyklus (s. Grafik). Achten Sie darauf, dass Sie, gleichgültig, welche Veränderung Sie initiieren (= Plan), nicht nach dem zweiten Schritt (= Do) aufhören. Erst wenn wir auch evaluieren (= Check) und daraus neue Schlüsse ziehen, entsteht ein gerichteter Entwicklungsprozess, im Gegensatz zu vielen Kleinaktionen, die im Sande verlaufen. Reflektieren Sie: »Was wurde erreicht?« und »Was ist noch zu tun?«.
- Achten Sie bei kollektiven Lernformaten wie Produktionsnachgesprächen auf kleine Schritte, damit die Wahrscheinlichkeit der Umsetzung hoch ist.
- Pflegen Sie unbedingt emotionale Reflexionsgespräche – auch wenn mit der Zeit nicht mehr viel zu besprechen ist. Betrachten Sie sie als eine Art emotionalen Wartungsdienst im Betrieb.
- Zur Aktivierung einer Gruppe oder auch zur gegenseitigen Motivation ist eine bewusst eingesetzte Komplimente-Dusche sehr nützlich. Sie wirkt am besten, wenn man sie wirklich als Ritual einsetzt: »Jetzt kommen wir zur …« Machen Sie eine gemeinsame Übung daraus, so dass alle dieses

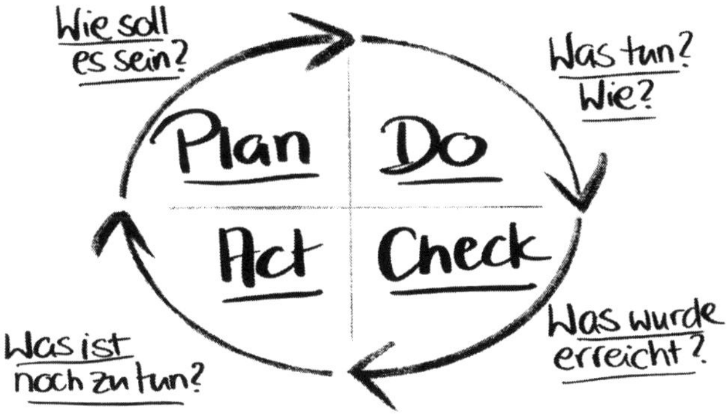

Das treibende Prinzip: Der Verbesserungszyklus

Format in einem festen und geregelten Rahmen »genießen« können.

- Bleiben Sie in Konfliktsituationen bewusst konstruktiv: Betrachten Sie ein Missverständnis nicht als nerviges Problem, sondern als Lernmöglichkeit des Gesamtsystems, von dem auch Sie ein Teil sind: Was habe *ich* dazu beigetragen? Was kann *ich* ändern?*
- Lernen Sie, das Gute zu benennen und hervorzuheben und die entsprechenden Lehren daraus zu ziehen. Gutes und Gelungenes gilt es zu pflegen! Oft entstehen während eines Produktionsprozesses ganz zufällig gute Dinge; anstatt diese jedoch bewusst in die Strukturen zu implementieren, geraten sie schnell in Vergessenheit, weil wir dazu tendieren, nur das Negative zu sehen und anzusprechen.
- Keine Perfektion anstreben! Denn: Die Organisation ist ein lebendiges System! Denken Sie eher in Impulsen, die Sie

* Auch Demingkreis bzw. PDCA-Zyklus (*Plan*, *Do*, *Check*, *Act*) genannt, als Methode aus dem Prozessmanagement zur Qualitätssicherung (s. Wikipedia-Eintrag).

setzen und deren Auswirkung Sie beobachten. So werden Sie weniger leicht enttäuscht, wenn etwas anders läuft, als Sie erwartet haben.

- Wenn Sie kritisieren, dann achten Sie auf die Dosis: Suchen Sie nach dem einen klugen Tropfen konstruktiver Kritik und lassen Sie ihn erst einmal wirken.

Großgruppenformate im hierarchischen Kontext

Um mit vielen Menschen, oft auch ganzen Kulturbetrieben, gleichzeitig in Austausch zu kommen, sind Großgruppenformate wie »Open Space«, »Future Search« und »World Café«, in denen das Wissen und der Stand einer Institution abgefragt, Initiativen ins Leben gerufen und Netzwerk-Aktivitäten gefördert werden sollen, beliebte Konferenz- bzw. Workshopformate. Allerdings sollte das Initiieren eines Großgruppenprozesses gut überlegt sein. Bei eher inhaltlichen Abfragen zu Visionen, Zukunftsideen, Spielplan-Vorschlägen etc. lässt sich das Format gut als Einzelveranstaltung nutzen. Schwieriger wird es, wenn es zur Bearbeitung von emotional aufgeladenen Themen eingesetzt werden soll.

Die Großgruppenformate stammen aus einem kollaborativen Ansatz und sind meist für Konferenzen gedacht, bei denen hierarchiefrei komplexe Sachverhalte verhandelt und Projekte entwickelt werden (vgl. »Zukunft des Theaters – Theater der Zukunft«, S. 214 ff.). Werden sie in einem hierarchischen Kontext initiiert, in dem die Verantwortung für viele Initiativen und Entscheidungen bei der Leitung liegt und auch dort bewusst so eingefordert wird, ist es nicht verwunderlich, dass die Verantwortung für schwierige Zustände und Kritisches ebenso bei der Leitung gesehen wird, nach dem Motto: »Die Leitung ist schuld und muss sich kümmern.« Umgekehrt wird schließlich meist auch primär die Leitung eines Hauses gelobt, wenn alles gut läuft.

Dennoch lässt sich ein Großgruppenformat meiner Erfahrung nach auch in hierarchischen Kontexten sehr gut verwenden. Das Format ist dann als ein Teilschritt in einem eingebundenen kommunikativen Lernprozess zu betrachten, als einer der Meilensteine auf dem Weg zu einer durchlässigeren, kollaborativeren Struktur der Kommunikation. Da das Ziel sein soll, die Mitarbeitenden einzubeziehen, ist es entsprechend nur konsequent, sie auch bei der Umsetzung, den inhaltlichen Fragestellungen und der Moderation mitgestalten zu lassen. Damit steigt auch die Identifikation mit der Veranstaltung und die Eigenverantwortung wird automatisch aktiviert.

Wichtig ist es dabei, sehr genau zu klären, in welcher Weise und vor allem wie weit die Mitarbeitenden mitgestalten dürfen (s. Delegationsstufen, S. 128 ff.). Dürfen sie wirklich mitentscheiden oder geht es lediglich um ein Stimmungsbild, ein Feedback oder eine Ideensammlung. Schwierig wird die Veranstaltung, wenn in den Fragestellungen eine Teilhabe suggeriert wird, die danach nicht eingelöst werden kann.

Inhalte für einen grundlegenden Prozess wären beispielsweise eine Ist-Analyse und eine Visionsgestaltung und dann das Aufsetzen einer Strategie, die wieder in Modulen weiterimplementiert wird. Ob man bei der Ist-Analyse oder bei der Vision beginnt, hängt von der Situation ab. Mit dem Ist-Zustand zu beginnen, kann sinnvoll sein, wenn wenig Vertrauen zu- oder Wissen voneinander vorhanden ist und erst einmal eine Grundlage für einen Austausch geschaffen werden muss. Mit diesem Ansatz schafft man die emotionale Grundlage, um überhaupt konstruktiv über die Zukunft reden zu können. Ist die Gruppe bereits gut miteinander verbunden oder dreht sie sich zu sehr im Kreis, sollte man mit der Vision ansetzen, um danach den Ist-Zustand aus der Zukunft heraus im Hinblick auf zügige Veränderungen zu betrachten.

Eine Steuerungsgruppe bestimmen

Wenn wir eine ganze Organisation von mehreren Hundert Mitarbeitenden oder auch nur fünfzig Chormitglieder beteiligen wollen, hilft es, sich vorab in einer kleinen Steuerungsgruppe zu treffen und die Veranstaltung gemeinsam vorzubereiten. Natürlich kann man auch externe Personen und Moderator*innen anfragen. Wenn das Ziel die Entwicklung der internen Kommunikation und Vernetzung ist, dann lässt sich die Vorbereitung selbst bereits als ein Lernschritt des Austauschs miteinander nutzen. In vielen Steuerungsgruppen, die sparten- und bereichsübergreifend zusammengestellt sind, vertiefen allein die Gespräche in der Vorbereitung das Verständnis füreinander. Denn auch die organisatorischen Hindernisse, die jedem Bereich eigen sind und auf die man beim Umsetzen einer internen Veranstaltung stößt, lösen Erkenntnisprozesse aus. Zudem wird auf diese Weise die Veranstaltung im Haus in alle Bereiche hineingetragen, die Mitarbeitenden können sich emotional bereits damit auseinandersetzen, in Gesprächen können Widerstände benannt und idealerweise aufgelöst werden. Die Steuerungsgruppe selbst wird zu einem ersten Transformationsorgan. Sie schafft einzig durch ihren Auftrag, alle Mitarbeitenden in einer Veranstaltung zusammenzubringen, ein Gesprächsthema und einen Impuls (oder eine Irritation). Denn Wandel, Veränderung und Lernen finden auf zwei Ebenen statt: zum einen auf der sachlichen, strukturellen und zum anderen auf der emotionalen, persönlichen Ebene. Beide müssen in jedem Prozess mitgedacht werden, und eine Steuerungsgruppe kann viel emotionale Vorarbeit leisten, um eine Veranstaltung erfolgreich werden zu lassen.

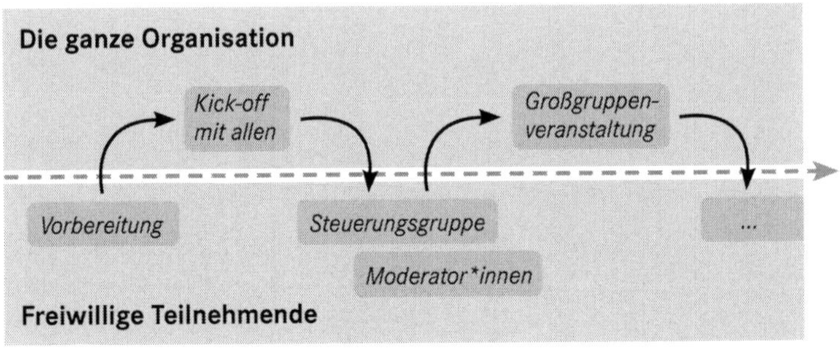

Kontinuierliche Transparenz und Feedback-Schleifen

Teilhabe gestalten: Wechsel zwischen Steuerungs- und Großgruppe

Schauen wir uns den Prozess der Teilhabe einer großen Gruppe genauer an. Der Beginn sollte besonders gut vorbereitet sein, da er die Grundlage für den Gesamtprozess darstellt.

Vorbereitung: Meist findet die Vorbereitung mit der Leitung oder den Auftraggebenden statt. Ziel der Vorbereitung ist es, den Prozess selbst aufzusetzen und terminlich zu fixieren. Inhaltlich muss noch nichts geklärt sein, lediglich die groben Phasen.

Kick-off mit allen: Oftmals ist es hilfreich, vorab einen ein- bis zweistündigen Termin (durchaus auch online) abzuhalten, um allen Beteiligten den Prozess und den Ablauf, die Idee der Teilnahme und die Ziele zu beschreiben. Wenn ich als externe Moderatorin solche Prozesse leite, nutze ich diesen Termin, um mich vorzustellen und sämtliche offene Fragen zu beantworten. Dabei versuche ich, Dinge ausführlich zu beschreiben, damit ich jede*n erreiche. In diesem Termin kann auch schon die Aufforderung geschehen, eine Steuerungsgruppe zu bilden. Emotional wird in diesem Termin der Auftrag von der Leitung an alle Mitarbeiter*innen, vertreten durch die Steuerungsgruppe, übergeben.

Steuerungsgruppe: Um die Arbeitsfähigkeit zu wahren, ist es ratsam, dass sich maximal ca. 15 bis 20 freiwillige Personen dieser Gruppe anschließen, das heißt Menschen aus der Organisation, die Lust haben, die Großveranstaltungen inhaltlich und organisatorisch mitzugestalten. Idealerweise sind sie Vertreter*innen des gesamten Hauses und können damit auch als Informationskanäle dienen. Sie konzipieren Inhalte für die Großgruppenveranstaltungen, sind in ständigem Austausch mit der Gesamtorganisation, arbeiten im Anschluss an die Veranstaltung die Ergebnisse aus und geben Empfehlungen.

Bei einer solchen Gruppengröße sind selbst bei Krankheitsfällen genügend Personen weiterhin im Boot. Möglich ist auch ein Rotationsprinzip, bei dem sich zwei Vertretende aus einer Abteilung abwechseln und gegenseitig auf dem Laufenden halten. Diese Gruppe ist das operative und kommunikative Herz des Prozesses.

Moderator*innen für Kleingruppenarbeit: Die meisten Großgruppenveranstaltungen umfassen kleinere Arbeitseinheiten, die Moderator*innen benötigen. Ob dies eine Person alleine macht oder mehrere gebraucht werden, hängt von der Veranstaltung ab. Sinnvoll sind sicherlich zwei Personen, damit eine Protokoll schreiben und gegebenenfalls die andere ablösen kann. Auch Springer*innen sollte man für den Krankheitsfall einplanen. Praktischerweise finden sich Moderationswillige bereits in der Steuerungsgruppe. Ansonsten reicht es auch, kurz vor den Veranstaltungen nochmals um Mithilfe bei der Moderation zu bitten. Einige Tage davor sollte ein kurzes Moderations-Briefing stattfinden, um abzusprechen, worauf zu achten ist, um sich als Moderator*innen-Team aufeinander einzustimmen und sich gegenseitig zu stärken (s. Kasten »Beispiel für ein Moderations-Briefing«).

Der spannende Nebeneffekt ist, dass diese Personen nicht nur ihre Kompetenzen erweitern, sondern dass die Kolleg*innen sie in einer anderen Rolle wahrnehmen und miteinander eine neue Form der kollegialen Kommunikation erleben, bei der unterschiedliche Personen auf Augenhöhe Führungsfunktionen übernehmen.

Großgruppenveranstaltung: Ziel dieser Veranstaltung ist es, miteinander als Gesamtorganisation in einen Austausch zu treten. Die Inhalte, die vielfältig sein können, hat die Steuerungsgruppe festgelegt, z. B. einen Begegnungstag, eine Zukunftswerkstatt, einen Leitbildtag, Prozessoptimierung, Wissensvermittlung o. Ä. Der Tag kann einen eher emotionalen oder fachlichen Schwerpunkt haben, in den meisten Fällen ist es ein konstruktives, positives Gemeinschaftserlebnis, da die meisten auch mit Menschen in Kontakt kommen, die sie vorher nicht kannten, und eine Leichtigkeit der Begegnung sich oftmals auch auf den Alltag überträgt.

Wie lange dabei die Vorbereitung dauert, wie häufig man vorab in der Steuerungsgruppe zusammenkommt, hängt von den inhaltlichen Themen, von den organisatorischen Umständen, der selbstorganisierenden Fähigkeit der Gruppe und der Anzahl der teilnehmenden Personen ab. Durchschnittlich setze ich zwei Einheiten à drei Stunden für die Steuerungsgruppe an, wobei dazwischen auch bilaterale Abstimmungen stattfinden. Dieses Modul (Vorbereitung in der Kleingruppe, dann Veranstaltung mit der Gesamtorganisation zum Erarbeiten, Feedback zu vorherigen Ergebnissen etc.) lässt sich nun immer weiter wiederholen, je nachdem, wie das Ziel des Teilhabe-Prozesses insgesamt lautet. Diese Art von Format (Themenbearbeitung in Kleingruppen, Diskussion im Plenum) könnte auch teilweise in die bereits oft stattfindenden Vollversammlungen integriert werden.

Rolle der Moderation in Großgruppenformaten

Um hausinterne Moderator*innen für Großgruppenprozesse zu gewinnen, sollte man die Messlatte nicht zu hoch hängen. Es geht nicht um eine komplexe Moderation, sondern eher um eine Patenschaft für ein Thema und die Steuerung eines kollegialen Austauschs – so ähnlich wie in Workshops, in denen spontan Kleingruppen gebildet werden, um Themen miteinander zu erarbeiten. Unten findet sich ein Moderations-Briefing, das ich als Mini-Übersicht nutze, um den Freiwilligen etwas in die Hand zu geben. Natürlich können sie auch die vorangegangenen Kapitel dieses Buches durcharbeiten. Doch erfahrungsgemäß reicht diese Übersicht, um einen guten Einstieg zu finden. Der Rest ist Übung und Lernen.

Beispiel für ein Moderations-Briefing:

- Im Vorhinein: Wer schreibt mit, wer moderiert? (Man kann sich auch abwechseln.)
- Alle Ideen und Gedanken sind erlaubt, auch absurde. Bitte darauf achten, dass Ideen nicht abgewertet werden.
- Alles mitschreiben (auf einer Flipchart, auf Karten etc.) oder sich von jemandem aus der Gruppe beim Mitschreiben unterstützen lassen. Visualisieren ist ausdrücklich erlaubt.
- Manchmal entsteht nach dem ersten Ideensturm eine stillere Phase. Wenn wir diese Phasen aushalten, kommen meist sehr spannende Ergebnisse heraus.
- »Selber mitmachen«: Klar benennen, wenn man selbst als Teilnehmende*r etwas beiträgt.
- Wenn ein*e andere*r Moderator*in die Arbeitsgruppe zu einem weiteren Thema übernimmt, auf eine kurze Übergabe achten, damit die nächste Gruppe auf den Ergebnissen aufbauen kann.

Emotionale Phasen im Verlauf eines Prozesses

Wenn ein Prozess aufgesetzt wird, vor allem, wenn es um schwierige Phasen der Entwicklung oder auch um Konflikte oder Gräben in der Organisation geht, möchten wir am liebsten sofort beginnen und die Probleme schnell aus der Welt schaffen. Hier ist genau das Gegenteil gefragt: langsam einsteigen, Vertrauen gewinnen, Geduld und Ruhe bei der Durchführung und viel Kommunikation.

Zur Orientierung hilft es den Mitarbeitenden einer Organisation, wenn man langfristig die Prozessentwicklung mit den Meilensteinen aufzeigt. Ohne bereits die Inhalte zu kennen, wissen somit alle, dass etwas in Gang gesetzt wurde, und inwiefern sie beteiligt sind. Wenn dann noch signalisiert wird, mit wie viel Umsicht der Prozess aufgesetzt wird, unter Beteiligung aller, ist die Akzeptanz meist groß. Schnellen Hauruck- und Pflasteraktionen wird oftmals kein Glauben mehr geschenkt.

Gerade in der Vorbereitung, beim Kick-off und selbst in der Steuerungsgruppe geht es um die Möglichkeiten, miteinander in Kontakt zu kommen und sich zu verbinden. Um diese emotionale Verbindung und letztlich das Vertrauen zueinander zu schaffen, ist es sehr praktisch, wenn dies über das Vermitteln des recht unemotionalen Prozessablaufs geschieht. Sobald ein Grundvertrauen da ist, können wir auch inhaltlich arbeiten und uns miteinander ausrichten. Dies geschieht in der Steuerungsgruppe durch das kontinuierliche Feedback ans Haus. In dieser Phase darf sich niemand von der vermeintlichen Trägheit des Prozesses beirren lassen. Viele Gespräche, viel Skepsis, viele Widerstände kommen auf. Je ruhiger, geduldiger und optimistischer wir damit umgehen, desto leichter wird der nächste Schritt.

Den Bewegungsfluss eines Gruppenprozesses könnte man so darstellen: Alles kommt ungeordnet miteinander in Kontakt, verbindet sich in Schleifen und richtet sich dann langsam aus,

Emotionale Phasen im Verlauf eines Prozesses

bis sich nach und nach ein eleganter, schneller Flow entwickelt (vgl. auch Teamuhr von Bruce Tuckman, S. 143 ff.).

Fishbowl-Format für Kommunikation in Großgruppen

Im Rahmen einer Großgruppenveranstaltung kann sich auch das sogenannte *Fishbowl-Format* anbieten. Bei dieser Methode des Austauschs bleibt die Kleingruppen-Intimität trotz Großgruppenprozesses gewahrt. Das Format verdankt seinen Namen der Sitzordnung (s. Grafik S. 212). Im Kern geht es darum, dass eine ausgewählte Personengruppe im Innenkreis sitzt und ein bestimmtes Thema bespricht, während die anderen im Außenkreis die Diskussion beobachten. Ein Stuhl im Innenkreis bleibt frei, damit ein*e Teilnehmer*in von außen darauf Platz nehmen und mitdiskutieren kann, oder jemand aus dem Innenkreis verlässt den inneren Kreis und ermöglicht damit einer anderen Person die Mitarbeit. Im Vorfeld sollte man sich dabei auf einige »Spielregeln« einigen. Hier ein paar Beispiele:

Fishbowl-Format

- Die Diskussion findet nur im Innenkreis statt.
- Jede*r darf ausreden.
- Die Beiträge beziehen sich unmittelbar aufeinander.
- Jede*r von außen kann sich auf den freien Stuhl setzen und hat damit sofortiges Rederecht.
- Jede*r hat das Recht, den Innenkreis zu verlassen.
- Die Person auf dem ursprünglich freien Stuhl verlässt nach ihrem Redebeitrag den Platz.

Wenn es sinnvoll ist, zeichnen Protokollant*innen (s. S. 60 f.) die Beiträge auf, um in einer Abschlussrunde oder zu einem anderen Zeitpunkt mit den Erkenntnissen weiterzuarbeiten.

Fishbowls lassen sich auch gut einsetzen, wenn verschiedene Meinungen von allen Teilnehmenden gehört werden sollen. Anstelle von Kleingruppen kann man Vertreter*innen einer Meinungsrichtung eine festgelegte Zeit lang zusammensetzen und ihnen beim Austausch zuhören, danach wird gewechselt. Auf diese Weise findet die Qualität des Im-Kreis-Sprechens chronologisch mit Gruppen statt – mit der gleichen Wirkung: Jede Gruppe bekommt den uneingeschränkten Raum, ihre Perspektive und Position vor allen darzulegen.*

Pausen bei Großgruppenveranstaltungen

Großgruppenveranstaltungen in einem hierarchischen Kontext bestehen aus dem Wechsel von gestalteten Arbeitsphasen – zum Beispiel Workshops oder Plenumsvorträge – und freien Begegnungsräumen. Diese freien Begegnungsräume können etwa ein Marktplatz oder eine kleine Messe sein, wo beispielsweise Stände im Foyer aufgestellt werden und verschiedene interne Anbieter*innen (z. B. Gleichstellungsbeauftragte, Betriebssport etc.) ihre Angebote zeigen können. In diesen Phasen sollten alle Ruhebedürftigen Orte der Stille für einen Rückzug oder ein Powernapping nutzen können. Möglich ist auch, während der Workshops kurze Schweigemomente, gemeinsame Meditationen oder Bewegungseinheiten einzubauen (s. »Schweigen und Pausen«, S. 109 ff.). Das kontinuierliche Sprechen und Zuhören über eine lange Zeit hinweg sowie die vielen Kontakte können Stressfaktoren darstellen, besonders für diejenigen, die im Arbeitsalltag eher selten eine hohe Kontaktdichte haben. Wie häufig und wie lange Pausen sein sollten, hängt von der Zielsetzung des Tages ab. Bei eher sozial ausgerichteten Zielsetzungen plant man besser längere Pausen ein, damit sich Begegnungen und Gespräche entspinnen können, bei eher inhaltlich ausgerichteten mehrere kürzere Pausen, um dem Denkapparat Erholung zu gönnen und auf neue Gedanken zu kommen.

* Vgl. Sam Kaner: *Facilitator's Guide to Participatory Decision-Making*, a. a. O., S. 136.

Transformationskräfte nutzen dank großer Gruppen (am Beispiel »Zukunft des Theaters – Theater der Zukunft«)

Großgruppenformate haben den besonderen Vorteil, dass viel Wissen und Erfahrung gleichzeitig im Raum sind und sich neu vernetzen und verbinden können. Wenn Menschen hierarchiefrei, offen und neugierig zusammenkommen, entstehen Ideen und Erkenntnisse, die oft überraschen und vorher undenkbare Dimensionen öffnen.

Von dieser Qualität haben wir uns als Initiator*innen des Thinktanks (Denkfabrik) »Zukunft des Theaters – Theater der Zukunft«* inspirieren lassen. In einem überregionalen, kulturpolitischen, verbands-, sparten- und hierarchieübergreifenden Experiment traten 2021 Stakeholder*innen der Theaterlandschaft gemeinsam in einen Dialog, um den drängenden strukturellen und gesellschaftlichen Herausforderungen und neuen Wegen, die auf die Kulturbetriebe einströmen, auf die Spur zu kommen.

Angelehnt an die Methoden des *Transformative Scenario Planning* von Adam Kahane** und die Theorie U von Otto Scharmer*** haben wir uns die Aufgabe gesetzt, nicht ergebnisorientiert zu diskutieren, sondern erst einmal über ein Zuhören und Verstehen der anderen Perspektiven zu einem größeren Verständnis für die komplexen Zusammenhänge zu gelangen. Beteiligt waren vierzig Personen aus verschiedenen Bereichen der Theaterlandschaft. Wir hatten keinen konkreten Auftrag, weder offene noch versteckte Agenden. Wir trafen uns aus Neugier. Unser Ansatz

* S. www.zukunftdestheaters.de.

** Adam Kahane: *Transformative Scenario Planning. Working Together to Change the Future,* Berrett-Koehler Publishers, San Francisco 2012.

*** Vgl. C. Otto Scharmer: *Essentials der Theorie U. Grundprinzipien und Anwendungen,* Carl-Auer Verlag, Heidelberg 2018, S. 53 ff.

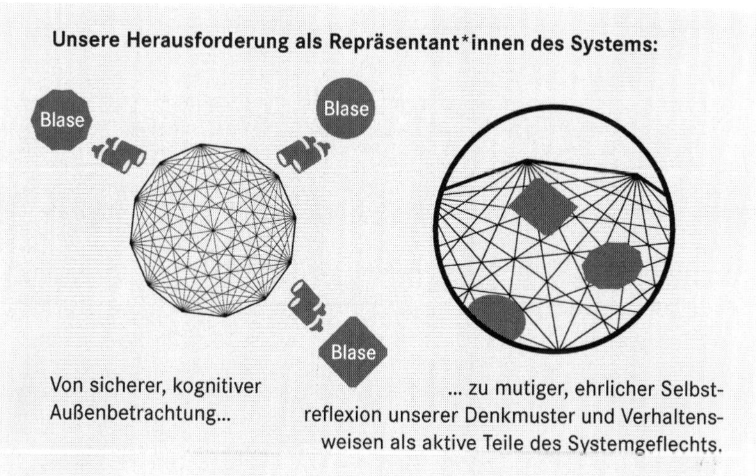

Unser Selbstbild zur Verfügung stellen

lautete: Wenn sich etwas ändern soll, dann brauchen wir vor allem *andere Herangehensweisen*.

Wir trafen uns zwischen Januar und Juni 2021 zu drei dreitägigen Online-Workshops, daneben gab es kleinere Treffen. Trotz der Ergebnisse, die wir entwickelt und veröffentlicht haben*, war uns jedoch bewusst, dass sie nur Arbeitsstände darstellen können. Das eigentliche Ergebnis war der Dialog selbst und die fortwährenden Impulse, die er generierte. Daher soll der Austausch in regelmäßigen jährlichen Veranstaltungen fortgesetzt werden.

Eine weitere wichtige Erkenntnis aus dem Prozess: Um Transformation als Kraft ernst zu nehmen, war unsere kontinuierliche Herausforderung, uns unserer jeweiligen Rollen im System und damit auch unserer begrenzten Perspektive bewusst zu bleiben und sie als Dialoggrundlage zur Verfügung zu stellen – wissend, sie möglicherweise aufgrund der Begegnung verändern zu müssen oder zu wollen. Denn Transformation bedeutet Wandel, und

* S. www.zukunftdestheaters.de.

Wandel hat mit (schmerzhaftem) Loslassen zu tun, vor allem der eigenen Meinung. Transformation bedeutet auch, den »richtigen« Blick auf eine Situation zu haben, das System in aller Tiefe zu verstehen und Lösungen entwickeln und vorantreiben zu können. Nur durch das Zusammensetzen der Puzzlesteine aller Perspektiven kann ein tragfähiger erster nächster Schritt entwickelt werden.

Tipps und Anregungen für Großgruppenformate

- Nehmen Sie sich Zeit, um eine produktive Transformationsenergie aufzubauen. Revolutionäre Umstürze und Hauruckaktionen bringen oft Chaos mit sich. Denken Sie die verschiedenen Geschwindigkeiten der Menschen mit und bleiben Sie vor allem zu Beginn eines Prozesses geduldig und ruhig.
- Wenn es um Veränderung geht, überfordern Sie sich nicht. Beschränken Sie sich auf höchstens zwei wesentliche Aspekte. Welche Aspekte sollen in unserem Bereich/in unserer Abteilung und in der Zusammenarbeit mit den anderen Bereichen verbessert werden – in dieser Spielzeit? Welche übergreifenden Ideen/Projekte/Prozesse möchten wir im gesamten Haus implementieren? Worauf wollen wir uns einigen? Welche Aspekte zu welchem Zeitpunkt? Was benötigen wir an internen Absprachen/Prozessen, fachlicher Weiterbildung, interner und externer Unterstützung, Coaching, Moderation, um einen Schritt weiterzukommen?
- Gehen Sie Probleme gemeinsam an: Es gilt, nicht zwingend die Lösung anzubieten, sondern den Problemlösungsprozess an sich zu verbessern. Auch bei Moderationen und Gruppenprozessen sollten Sie nicht zu schnell auf die

Lösung abzielen oder sie gar diktieren. Besser ist es, sich zunächst einmal gegenseitig ins Boot zu holen und gemeinsam den Problemlösungsprozess in Gang zu setzen.

- Laden Sie andere zur Teilnahme an Diskussionen ein (»Was sind deine Gedanken dazu?«, »Wie lautet dein Vorschlag?«, »Hast du eine konkrete Idee dazu?«) und/oder bitten Sie aktiv um nähere Erklärungen (»Kannst du mir bitte helfen, ich möchte verstehen ...?«, »Kannst du mir diesen Punkt bitte noch einmal genauer erklären?«). Ein freies kontroverses Denken ist hier wünschenswert.
- Planen Sie bei Großgruppenveranstaltungen genügend Pausen sowie Rückzugs- und Erholungsmöglichkeiten mit ein (Meditationen, Spaziergänge, Orte der Stille) oder lassen Sie Freiräume zur Selbstgestaltung.

Strukturelle Kommunikations-Architektur im Fluss – eine Zusammenfassung

Bis hierher ging es im Kern um zwei Perspektiven in der strukturellen Kommunikations-Architektur: zum einen um die Gestaltung der arbeitsbezogenen Kommunikations-Architektur selbst (z. B. Besprechungen, Moderationen, Informationskanäle) und zum anderen um diejenigen architektonischen Elemente, die organisationales Lernen ermöglichen (z. B. Feedback-Schleifen, Retrospektiven). Im Mittelpunkt stand die Frage: Wie können wir als Ensemble oder Kulturbetrieb fortwährend aus unseren Erfahrungen lernen und das Gelernte in unseren Strukturen und Abläufen umsetzen, um nicht kontinuierlich die gleichen Reibungsverluste zu haben?

Zusammenfassend kann man die aufgezeigten Perspektiven auch als zwei Achsen betrachten:

1. Die vertikale Achse zeigt die Arbeitskommunikation im Moment: Wie sind die Besprechungen als Knotenpunkte strukturiert? Durch welche Informationskanäle sind sie miteinander verbunden? Wie funktioniert die Kommunikation in den Arbeitsabläufen und -prozessen derzeit?

2. Die horizontale Achse greift die Lern- und Beziehungskommunikation auf und welche Änderungen sich folglich im Verlauf der Zeit in der Architektur ergeben sollten: Welche Erfahrungen machen wir derzeit mit der aktuellen Kommunikations-Architektur? Was sollte sich dadurch strukturell an

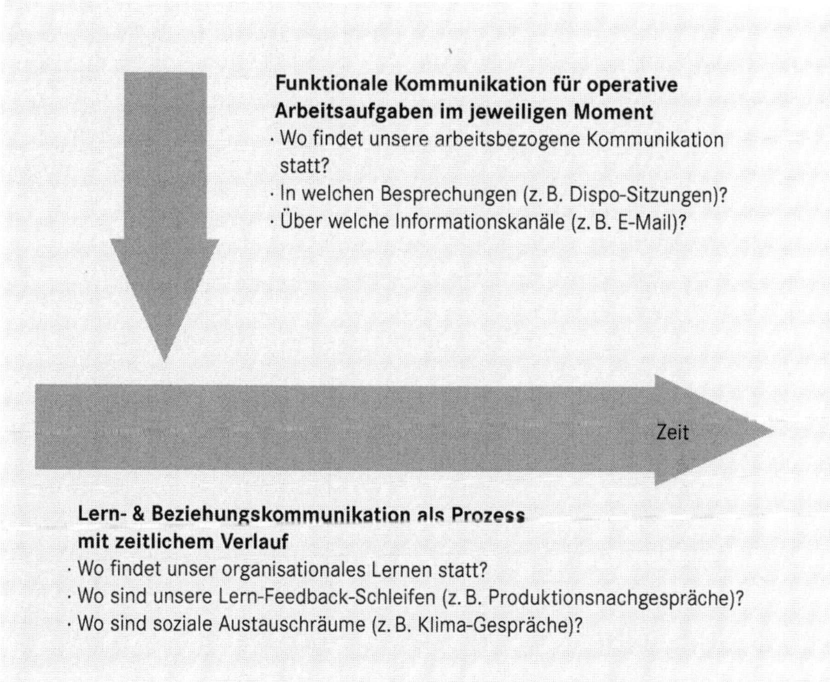

Zwei Achsen der Kommunikations-Architektur

den Besprechungen und Informationsflüssen ändern (s. Retrospektiven, S. 183.)? Hier geben wir dem Menschen als sozialem Wandlungs- und Entwicklungswesen Raum.

Teil 2

dynamic safe spaces im Spannungsdreieck – ein Kommunikationsmodell für Probenprozesse

dynamic safe spaces – Feedback, das sowohl künstlerische Grenzüberschreitung als auch emotionale Sicherheit ermöglicht

Im Laufe meiner Arbeit als Beraterin und Coachin bin ich mit der allgemeinen Kommunikations- und Lern-Architektur und den üblichen Feedbackformaten, mit denen wir uns bis hierhin ausführlich beschäftigt haben, an gewisse Grenzen gekommen. Neben der fachlichen und zwischenmenschlichen Arbeitsdimension kommt im Kulturbetrieb noch die künstlerische hinzu, die einerseits das Grenzüberschreitende und die künstlerische Freiheit sucht (und damit oft im Konflikt mit dem Arbeitsschutzgesetz steht, beispielsweise wenn es um Dienstzeiten geht) und andererseits nach einem geschützten Raum verlangt mit Sprachregelungen, die die kreative Freiheit nicht einengen. Als ob das nicht alles schon komplex genug wäre, funkt auch noch der Mythos »der leidenden Künstlerseele« hinein.

Die Fragen, die sich für mich angesichts dieser Gemengelage stellen, sind folgende: Wie kann Feedback in künstlerischen Ensembles funktionieren, um sowohl den emotionalen und gesetzlichen Schutzraum als auch den künstlerischen Freiraum zu ermöglichen? Wie können wir gemeinsam Kommunikationsräume schaffen, die sowohl den Bedürfnissen der künstlerischen Gestaltungsfreiheit gerecht werden als auch die aktuellen Forschungsergebnisse aus Arbeits- und Gesundheitsschutz, aus der positiven Psychologie, der Kreativitätsförderung und aus neurowissenschaftlichen Studien einbeziehen? Wie können Künstler*innen ein Pendant zu der emotionalen und künstlerischen Flexibilität aufbauen: einen stärkenden psychischen Schutzschild, eine innere Selbststabilisierung und eine organisatorisch verankerte Sicherung, auf die man immer wieder zurückgreifen kann?

Im Folgenden möchte ich das Modell der *dynamic safe spaces* näher beschreiben, das ich basierend auf vielen Gesprächen, Workshops und jahrelanger Erfahrung mit den immer gleichen Schwierigkeiten im künstlerischen Feedback-Geben und -Erhalten entwickelt habe. Es ist ein Kommunikationsmodell, auf das Ensembles zurückgreifen können, um klarer und sensibler zu erfassen, wann sie wie worüber sprechen möchten und wie sie ein Gleichgewicht zwischen künstlerischen, emotionalen und organisatorischen Herausforderungen (s. Spannungsdreieck, ab S. 235) herstellen können.

Zunächst beschreibe ich die *safe spaces* und wie sie dynamisch zusammenspielen, danach kombiniere ich sie mit den Herausforderungen des *Spannungsdreiecks*.

Emotionen als schwierige Arbeitsinstrumente

In einem Kommunikations-Workshop mit einem Schauspielensemble löste allein das Abfragen von Erwartungen und Wünschen sowie die Aufforderung, diese zu Beginn vor den anwesenden Kolleg*innen vorzustellen, große Unsicherheit und sogar Angst aus. Ich war überrascht, hatte ich es doch mit Menschen zu tun, die nahezu täglich vor einem großen Publikum stehen.

Möglicherweise ist diese sehr empfindliche Reaktion ein Symptom für die schwierige Feedbackkultur im künstlerischen Alltag. Der Kernunterschied zu der Arbeit mit Gruppen aus der Wirtschaft liegt im Wesen des »Produkts«. In Kulturbetrieben treffe ich auf hochsensible, hochbegabte Persönlichkeiten.

Ihr Arbeitsinstrument und letztlich das Kunstprodukt selbst ist das Spiel mit dem Körper und den Emotionen. Besonders für Schauspieler*innen ist die emotionale Durchlässigkeit ein Grundhandwerkszeug, das sie über viele Jahre in der Ausbildung verfeinern. So üben Schauspielende, in andere Rollen, Befindlichkeiten, Denkweisen zu schlüpfen. Doch was ist gespielt, was ist »echt«? Letztlich wirkt sich auch eine gespielte Wut oder Angst, die »nur« im Textbuch steht, auf den gesamten Menschen aus. Sie spielen mit ihrem emotionalen Selbst, mit allen verunsichernden Konsequenzen. Kein Wunder, dass in ungeübten Gruppenprozessen innerhalb von Ensembles oft eine höchst empfindliche Stimmung herrscht: kleinste Bemerkungen lösen heftige Reaktionen aus, schnell fließen Tränen, Emotionen sind spür- und sichtbar. Besonders auch die nach jeder Probe geübte »Kritik« vor den versammelten Kolleg*innen stellt eine große persönliche Herausforderung dar. Aufgrund des Zeitdrucks und des Perfektionsanspruchs wird der Fokus zum Großteil oder ausschließlich auf das Nichtgelungene gelenkt. Zudem werden oft kommunikationspsychologisch unglückliche Formulierungen gewählt, bei denen konstruktiv gemeinte Kritik nicht auf die Tätigkeit gerichtet wird – zum Beispiel: »Bewege deinen Arm ruhiger/langsamer/schneller/kraftvoller« –, sondern auf emotionale Aspekte, die sich weniger leicht ändern lassen oder verschieden interpretiert werden können: »Sei authentischer/überzeugender/aggressiver.«*

Die Herausforderung besteht darin, die Verflechtung von gespielten Emotionen und ihren »echten« Auswirkungen auf das Individuum in einer tauglichen Form von Feedback mitzubedenken.

---

* Vgl. *Erste Hilfe für die Künstlerseele*, a. a. O., Kapitel: »Grundtechniken verbaler Kommunikation«, S. 140–151.

Vom *safe space* zu den *dynamic safe spaces*

Um Räume der Reibung und Konfliktbewältigung zu gestalten und konstruktiv unter Kontrolle zu halten, hilft es, einen Begriff nochmals zu präzisieren: der *geschützte Raum* oder *safe space.*

Laut Wikipedia stammt der Begriff *safe space* oder *Schutzraum* im psychologischen Bereich aus dem therapeutischen Setting*, bei dem zwischen Analytiker*in und Patient*in ein Raum geschaffen wird, in dem der*die Patient*in die eigenen Gedanken und Gefühle vertrauensvoll äußern kann. Die zuhörende Position, in diesem Fall der*die Analytiker*in, bleibt in einer professionellen Distanz. Der*die Patient*in kann offen über vielfältige Gefühle und starke Emotionen reden und muss keine Konsequenzen fürchten, das heißt beispielsweise keine soziale Ausgrenzung seitens der anderen Person. Ebenso gilt die Verschwiegenheitspflicht.

Dieser Raum gilt auch für andere Kontexte, in denen Vereinbarungen zur Schweigepflicht gegenüber Dritten getroffen werden und durch Regeln sichergestellt ist, dass Gefühle und Meinungen offen ausgesprochen werden können.

Im künstlerischen Alltag habe ich festgestellt, dass dieser *safe space* in vielen Kontexten gefordert, allerdings unterschiedlich interpretiert wird, mit manchmal diametral entgegengesetzten Zielen. Während sich die einen beispielsweise einen Schutzraum wünschen, um sich vor Grenzüberschreitungen zu erholen, möchten die anderen sich in einem geschützten Raum gerade mit Grenzüberschreitungen künstlerisch auseinandersetzen. Diese unterschiedlichen Interpretationen führen nachvollziehbarerweise zu Missverständnissen und oft zu erneuten Konflikten.

Daher wäre mein Vorschlag, nicht nur <u>einen</u> *safe space* zu etablieren, sondern <u>mehrere</u> und sie als dynamisch miteinander

---

* Vgl. Wikipedia-Eintrag »Geschützter Raum (Psychologie)«.

verbundene Schutzräume, als *dynamic safe spaces* zu begreifen, die mit unterschiedlichen Qualitäten für verschiedene Ziele einsetzbar sind.

Wie wir auch in einem Haus oder einer Wohnung über verschiedene Zimmer verfügen – wie Schlafzimmer, Küche, Bad, Wohn- und Arbeitszimmer, vielleicht sogar eine Werkstatt –, die zu bestimmten Zeiten des Tages für unterschiedliche Aufgaben und Tätigkeiten genutzt werden, so gilt ebenfalls in der künstlerischen Arbeit genau zu schauen, wo sich wer wann in Bezug auf den Gesamtprozess befindet und was wer braucht. Müssen sich alle erst einmal ausruhen oder in der Werkstatt Neues austüfteln, oder befinden sich alle in der Wohnung verstreut: die einen tanken Kräfte auf, die anderen recherchieren oder üben.

Vier verschiedene *safe spaces* im dynamischen Miteinander

Nach meiner Erfahrung haben wir es bei den *dynamic safe spaces* mit vier Grundqualitäten zu tun. Dies bedeutet nicht, dass nicht jedes Ensemble oder jede künstlerisch arbeitende Gruppe weitere eigene Qualitäten kreieren kann. Die Grundidee dieses Modells soll es sein, dass sich verschiedene Individuen leichter über ihre jeweiligen Bedürfnisse verständigen, indem sie miteinander einen gemeinsamen Raum definieren und damit verschiedene künstlerische Schaffensprozesse konstruktiver koordinieren können.

Ressourcenaufbau- und Erholungsraum

Aus soziologischer Sicht und in dem aktuellen Diversitätsdiskurs bezeichnet *safe space* ein Rückzugsraum für Menschen, die marginalisiert und diskriminiert werden. Es handelt sich um einen Raum der Erholung von Mikroaggressionen und der Verbindung mit Menschen mit gleichen Erfahrungen.* Aus der Perspektive der Stressbewältigung betrachtet, dient dieser geschützte Raum dazu, das überflutete System zu beruhigen, keinen Triggern, die eine Stressreaktion auslösen, ausgesetzt zu sein und Erholung zu bieten, Ressourcen aufzubauen, die psychische Gesundheit zu erhalten und helfende Einsichten zu erlangen. Bei diesem *safe space* geht es um die Qualität des *Auftankens und der Entspannung.*

Innovations- und Forschungsraum

Ein anderer *safe space* ist das *Innovations- und Forschungslabor.* Dieser von der Außenwelt bewusst abgetrennte, gesicherte und abgeschlossene Raum dient dazu, auch mit »gefährlichen Substanzen« zu arbeiten und sie zu erforschen. Ein Abenteuerraum, um in das Undenkbare, Unsagbare zu gehen, Grenzen zu spüren und zu übertreten, Vorstöße in Gebiete zu machen, die Regeln verletzen, um genau die Wirkung dieser Regeln kennenzulernen, oder einfach Neues zu entwickeln und auszuprobieren.

Hier ist im Vorfeld eine entsprechende Schutzausrüstung nötig, um bei aller Forschung nicht die Menschen selbst zu gefährden. Meist hilft bereits, sich dieser unwägbaren Risiken und Vorstöße bewusst zu sein und gemeinsam eine innere (oder äußere) »Schutzkleidung« zu entwickeln. Oder zumindest zu unterscheiden, ob ich das Andere, Neue, Fremde »nur« als unangenehm oder ungewiss empfinde oder ob es wirklich verunsichernd und gefährlich ist. Denn das Gefühl des Unangenehmen ist bei Grenzüberschreitungen fast immer vorhanden (s. Komfort-, Lern-, Panikzone, S. 71 ff.).

Lern- und Integrationsraum

Ein weiterer *safe space* umfasst die Qualität des *Lernens, Übens und Umgangs mit Fehlern,* was die Grundlage jedes Coaching-

---

* Vgl. Wikipedia-Eintrag »safe space bzw. Schutzraum (dt.)«

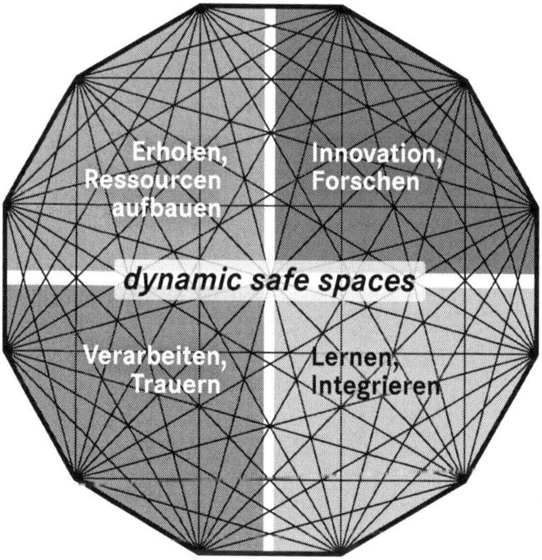

Vier *dynamic safe spaces*

Kontextes ebenso wie aller künstlerischen Ausbildungen und Probenprozesse darstellt.

Dabei wird ein abgeschotteter Raum, eine Art »Brutstätte«, geschaffen. Es wird eine Schutzschicht um eine Gruppe gelegt, damit das fragile Neue ungestört und in Ruhe entwickelt und eingeübt werden kann. Man kann fallen und wieder aufstehen, ausprobieren, scheitern. Hier koordiniert, probiert und sortiert man die neuen Handlungswege, entwickelt Bewältigungsstrategien, wie man mit den Reibungen, die entstehen, umgehen könnte, und überwindet Stolpersteine.

Die Krisen werden im besten Fall als wertvolle Lernchancen gesehen, die das eigene Denken, die Fähigkeiten und Horizonte erweitern. Es ist ein Raum, in dem Fehler toleriert werden und Lernen als ein Prozess aus vielen gescheiterten Versuchen gesehen wird. Das Neue wird allmählich ein Teil von uns, wir nehmen es Stück für Stück an. Veränderungsprozesse können beängstigend sein, sie brauchen Zeit und Geduld.

Verarbeitungs- und Trauerraum

Der vierte *safe space* beinhaltet das *Verarbeiten von Verletzungen* oder das *Abschiednehmen*. Dies findet vor allem durch Trauerarbeit statt. In Coaching-Kontexten verabschieden wir uns etwa von überholten Einstellungen, Ansichten, Erfahrungen oder auch von Menschen, die, aus welchen Gründen auch immer, aus unserem Leben treten.

In Ensembles erlebe ich diese Qualität meist in Wandlungsphasen, wenn Kolleg*innen die Organisation verlassen, wenn in der künstlerischen Arbeit Dinge gestrichen und Angebote nicht angenommen werden oder wenn Verletzungen stattgefunden haben. Hier gilt es, einen Raum zu schaffen, um Dinge bewusst loslassen zu können. Für den Verarbeitungsprozess braucht es zudem Verständnis und die Akzeptanz von Entschuldigungen und Trauer.

Dynamik der *safe spaces*: Wie wirken sie zusammen?

Wie lassen sich die *safe spaces* nutzen und wie funktioniert das dynamische Zusammenspiel zwischen ihnen?

Wenn Kunstschaffende im künstlerischen Sinne von einem geschützten Raum reden, beschreiben sie mir meist die Qualität eines Forschungslabors oder zumindest den Lern- und Integrationsraum. In der Praxis liegt das Problem darin, dass wir uns nicht ausschließlich in diesen beiden Qualitäten (vor allem in der Experimentierphase) aufhalten können, weil dies zur völligen Überforderung führen würde (s. Komfort-, Lern- und Panikzone, S. 71 ff.). Wenn wir den Probenprozess als einen Lernprozess betrachten, brauchen wir unbedingt Phasen der Erholung, der Verortung im Bekannten, des Verabschiedens von gewissen Aspekten (»kill your darlings«) oder auch der Verarbeitung von entstandenen Verletzungen. Wenn Ensembles regelmäßig zu lange in den Qualitäten des reinen Probierens, Experimentierens und Lernens bleiben, löst sich die Struktur auf, es entsteht Chaos sowohl auf emotionaler als auch auf künstlerischer Ebene, weil nichts mehr greifbar ist und die offensichtlichen und weniger offensichtlichen, die bewussten und unbewussten Reibungen und Verletzungen keinen Raum haben, verarbeitet zu werden. In einem Fall, den ich begleitet habe, führte dies zu einem großen Konflikt und Widerstand gegen den Regisseur und die Produktion stand kurz vor dem Aus.

Wir benötigen die drei anderen Qualitäten, um in das kreative Feld konstruktiv einsteigen und mit den bereichernden Impulsen weiterarbeiten zu können. In welcher Regelmäßigkeit, in welcher Reihenfolge und in welcher Intensität hängt von der Produktion ab, von dem Thema, von der Vertrautheit des Ensembles und von der Erfahrung der Gruppe im Umgang mit Gruppenprozessen. Dies muss von Mal zu Mal erspürt und wieder neu definiert werden.

Wandel annehmen und im Fluss bleiben

Die konstruktive Kraft der *dynamic safe spaces* entsteht aus dem Wissen, dass Wandel notwendig ist, um sich gesund, wohl und lebendig zu fühlen. Allzu lange in einer Qualität zu verharren, lähmt oder überfordert. Wir brauchen den organischen Wechsel von ruhigeren zu fordernderen Phasen, damit unsere Kreativität und unser Wohlbefinden gefördert werden. Bei zu viel Wohlklang braucht es irgendwann einen irritierenden Störfaktor, um die Kreativität wieder anzukurbeln. Darauf folgt meistens eine Phase des Verdauens, in der Neues verarbeitet wird. Bekommen Abschied und Trauer zu viel Raum, braucht es eine positive Stärkungsphase, um sich wieder mit den eigenen Ressourcen zu verbinden. Hieraus ergeben sich meist neue Lernimpulse.

Es ist hilfreich, sich mit diesem natürlichen Fluss der ständigen Veränderung, dieser dynamischen Kraft bewusst auseinanderzusetzen, sich mit ihr anzufreunden und sie zu handhaben. Dabei gibt es keine richtige oder falsche Reihenfolge, die gewünschten Räume ergeben sich aus der Stimmung, dem Teamgeist und Engagement des Ensembles sowie den anstehenden Aufgaben. Wer in die Atmosphäre hineinhorcht, merkt anhand von Äußerungen, wann sich ein sinnvoller nächster Raum ankündigt.*

In der Praxis könnte ein produktiver Ablauf so aussehen:

- Zu Beginn einen Wohlfühlraum schaffen, um eine Gruppe zusammenzuschweißen und auszurichten.
- Eine längere Phase des Forschens ermöglichen, in der der Fokus auf dem professionellen Ausloten von Grenzen im künstlerischen Feld liegt.
- Entweder entstehen Reibungen, die über Entschuldigungen, Betrauern etc. besprochen werden müssen – mit einem anschließenden Aufenthalt im Verarbeitungsraum –, oder aus den Reibungen ergeben sich Lernpotenziale, die ein langsameres und kleinschrittigeres Vorgehen sowie mehr Phasen der Verdauung im Erholungsraum erfordern.
- Zurück in den Innovationsraum …
- … oder es wird eine Lern- und Integrationsphase benötigt, in der das neu Erlernte, nun bereits »Bekannte« erst einmal geprobt und verinnerlicht wird.
- Manchmal braucht es, beispielsweise am Ende einer Probe, einen Erholungsraum (etwa eine Komplimente-Dusche, S. 190 f.).

* Man kann sich auch nach den Phasen der Teamuhr von Bruce Tuckman richten (s. S. 143 ff.).

Triebkraft im Wechsel

Wenn ich von Dynamik spreche, könnte leicht der Eindruck entstehen, dass es sich um eine kontinuierliche und sich möglicherweise steigernde Geschwindigkeit handelt.

Dynamik – als Triebkraft und Grundlage des Wandels – lebt von der Veränderung in alle Richtungen, sowohl in die Langsamkeit bis hin zum Stillstand als auch entgegengesetzt in die wachsende Beschleunigung bis hin zur Explosion. Dynamik kann auch ganz automatisch entstehen. Wohlfühl-*safe spaces* wie bewusste Pausen, Spaziergänge, etwas Gutes essen oder Freizeitbeschäftigungen können einen Innovationsraum öffnen. Während das Gehirn mit der Lösung eines künstlerischen Problems »schwanger« geht, können Beobachtungen in der Natur, ein Blick auf eine Speisekarte, eine lustige Geschichte im Privatkontext, ein Satz in einer Zeitung zu einer auslösenden Verbindung werden, die einen nächsten Schritt auf dem Weg zur kreativen Weiterentwicklung aufzeigt.

Tipps und Anregungen zum Umgang mit Dynamiken in Probenprozessen

- Behalten Sie während des gesamten Probenprozesses die Dynamik im Auge, regen Sie sie gezielt an und sorgen Sie aktiv für diejenige Qualität, die jeweils gerade nicht vorhanden ist, um eine Gegenbewegung zu erzeugen. Wenn es zu ruhig und harmonisch ist, setzen Sie einen zündenden Impuls; wenn die Atmosphäre zu aufgebracht und erregt ist, sorgen Sie für eine Ruhephase.
- Wenn sich Themen im Kreis drehen und festgefahren sind, richten Sie gemeinsam den Blick nach außen, oder laden Sie eine Person von außen (z. B. Gastschauspielende, Dramaturg*in) ein, um eine neue Dynamik zu erzeugen.

- Schauen Sie nach jeder Produktion, ob alle *safe spaces* genutzt wurden. Gibt es einen, der nie vorkam? Warum? Haben Sie ihn nicht benutzt, weil Sie ihn nicht brauchten, oder was hat Sie davon abgehalten?
- Manchmal geht es auch um individuelle Themen, die zwar durch den Probenprozess getriggert wurden, doch nichts mit einem professionellen Arbeitskontext zu tun haben. Diese Themen sollten in einem anderen Kontext gelöst werden und nicht der Gruppen-Aufgabe – der Erarbeitung einer Produktion – hinderlich im Wege stehen.*

---

* »Es gibt jedoch auch Teilnehmer mit ›dauernden Störungen‹, die durch kurze Interaktionen nicht zur Ruhe kommen können. (…) Dann ist es besser, eine therapeutische Behandlung vorzuschlagen, oder eine Gruppe mit seinem speziellen Thema zu finden (…). Die Störung des Wir in nicht-therapeutischen Gruppen hat manchmal Vorrang vor unlösbaren Problemen des Ich.« Ruth C. Cohn: *Von der Psychoanalyse zur themenzentrierten Interaktion,* a. a. O., S. 122 f.

Spannungsdreieck aus Kunst, Mensch und Organisation integrieren

Gehen wir eine Stufe weiter: Die *dynamic safe spaces* lassen sich leichter bespielen, wenn uns bewusst ist, woher die Konflikte rühren und welcher Art sie sind.

Jede Gruppe, die zusammenkommt, muss sich finden, gemeinsam einen Rahmen verhandeln und mit den zwangsläufig aufkommenden Gruppendynamiken umgehen. Meist machen wir dies ungerichtet oder greifen auf alte Theatergewohnheiten zurück, die sich über viele Jahrhunderte etabliert haben, die nie reflektiert und den neuen gesellschaftlichen und technischen Entwicklungen angepasst wurden. Diese greifen, wenn überhaupt, nur den künstlerischen Aspekt auf. Meist wird der neu entstandene Anspruch, dass auch die zwischenmenschlichen Bedürfnisse der Beteiligten und neue gesellschaftliche, technische und organisatorische Entwicklungen mitberücksichtigt werden, eher als störendes Hindernis betrachtet oder als unkünstlerisch abgetan.

Die Herausforderung in unserer heutigen Zeit besteht nun darin, die neue Sensibilisierung zu nutzen und den künstlerischen Arbeitsprozess humaner und gesünder werden zu lassen, ohne die innovative, grenzüberschreitende Qualität zu verlieren. In den großen Produktionsfabriken der Stadt- und Staatstheater bedeutet dies etwa eher integrativer und teilhabender zu agieren, freie Gruppen hingegen könnten damit für mehr Struktur und größere Sicherheit sorgen.

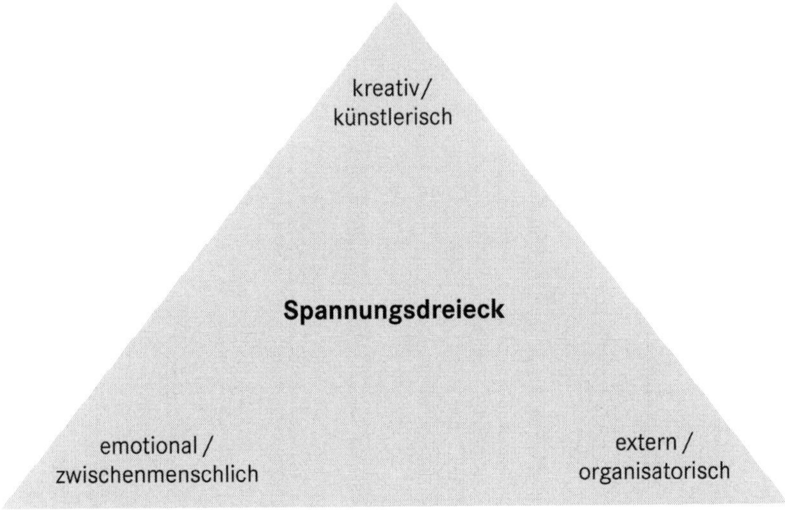

Typische Reibungsfelder im Spannungsdreieck

Die meisten Konflikte und Schwierigkeiten lassen sich meiner Erfahrung nach folgenden drei Feldern zuordnen: dem extern-organisatorischen, dem emotional-zwischenmenschlichen und dem kreativ-künstlerischen. Gleichzeitig befinden sich diese drei Bereiche in einer engen Abhängigkeit – daher der Begriff *Spannungsdreieck*.

Schauen wir uns Beispiele für die jeweiligen Reibungsfelder an:

Im *kreativ-künstlerischen Reibungsfeld* sind beispielsweise unterschiedliche Erwartungen im Umgang mit dem künstlerischen Prozess große Konfliktauslöser. Wenn ein*e Regisseur*in im Vorfeld ankündigt, dass er*sie während der Proben einen ansagenden, direktiven Stil fährt, mag das vielen nicht gefallen, doch es wird weniger Schwierigkeiten in der Zusammenarbeit geben, weil von Anfang an die Art und Weise des Umgangs im beruflichen Kontext geklärt ist.

Beispiele im *extern-organisatorischen Reibungsfeld* sind die Brückenfunktionen der Assistent*innen, die in Produktionen fast am wichtigsten sind und gleichzeitig über wenig Einfluss verfügen, was zu vielen Schwierigkeiten im Ablauf und vor allem zu einer großen Überlastung dieser Personen führt. Auch die genaue Funktion der Dramaturgie als Stabsstelle muss für jede Produktion neu geklärt werden.

Beispiele für die *emotional-zwischenmenschlichen Reibungsfelder* sind die Momente, wenn Emotionen hochkochen und vermeintlich Sachliches persönlich genommen wird – wenn etwa Mitbestimmung ausdrücklich gewünscht und am Ende doch von oben entschieden wurde, da die Regeln für Entscheidungen nicht klar kommuniziert wurden. Gerade die Ursachen für die zwischenmenschlichen Auswirkungen finden sich meist in den organisatorischen Reibungsfeldern, äußern sich aber dramatisch auf persönlicher und emotionaler Ebene, oft verbunden mit dem Wunsch nach mehr Wertschätzung.

Kreativ-künstlerische Reibungsfelder
z. B. Teilhabe an künstlerischen Entscheidungen und am Prozess, Umgang mit künstlerischen Interpretationen, Überforderung, wenig Zeit zum Textlernen

Extern-organisatorische Reibungsfelder
z. B. Arbeitsabläufe, Absprachen, Arbeitszeiten, unklare Funktionen und Informationswege, Kompetenzen, ungeklärte Entscheidungswege, ungenügende Arbeitsmittel

Emotional-zwischenmenschliche Reibungsfelder
z. B. mangelnde oder wenig wertschätzende Führung, Konflikte, unterschiedliche Arbeitspräferenzen, unterschiedliche Persönlichkeiten, Ängste, Umgangsformen

Alle Konfliktfelder hängen in ihren Auswirkungen miteinander zusammen, und ein Schmerzpunkt, der sich im zwischenmenschlichen Feld darstellt, kann seinen Ursprung in einem extern-organisatorischen Problem haben. Oft wirken in die künstlerischen Proben strukturelle Schwierigkeiten wie zu kurze Übergangszeiten von einer Probe zur nächsten, fehlende Rüstzeiten oder nicht mitgedachte Wiederaufnahmeprobenzeiten hinein, hinzukommen zwischenmenschliche Herausforderungen, wie zum Beispiel private Beziehungen im Ensemble, persönliche Schwierigkeiten mit den Regisseur*innen, familiärer Stress.

Um für sich leichter herauszufinden, in welches Feld diese Reibung gehört, hilft folgende Analyse-Frage:

> Was wäre das Grundlegendste, was sich ändern müsste, damit sich der Schmerzpunkt auflöst (Lösung) oder ich ihn nicht mehr als schmerzhaft wahrnehme (innere Haltungsänderung)?

Meist wird dann recht schnell deutlich, in welchem Spannungsfeld die eigentliche Ursache liegt, ob man eher eine emotionale, anerkennende Ansprache benötigt oder eine bessere Informationsstruktur auf der organisatorischen Ebene.

dynamic safe spaces im Spannungsdreieck klug kombinieren

Reibungen brauchen unterschiedliche Räume, um gelöst zu werden. So hilft es, in gewissen zwischenmenschlichen Situationen erst einmal den Verlust zu betrauern (zwischenmenschliche Reibung im Verarbeitungs- und Trauerraum), bevor dann künstlerisch neue Innovationen geschaffen werden können (künstlerische Reibung im Innovations- und Forschungsraum).

Wenn beispielsweise ein*e Regisseur*in den Innovationsraum

anstrebt mit allen Grenzüberschreitungen, dann ist dies nicht der Raum, um über die Wirkung der Grenzüberschreitungen zu reden (Lernraum) und die persönliche Betroffenheit zu reflektieren (Trauerraum). Ich höre immer wieder von künstlerischen Prozessen, die sich mit Themen wie Rassismus oder Sexismus beschäftigen und in denen oftmals persönliche Betroffenheit mitschwingt, dass die Ensembles in konzeptionellen Diskussionen oder emotionalen Gesprächen und Gruppendiskussionen feststecken (Lern- bzw. Trauerraum) und nicht in die eigentliche künstlerische Umsetzung (Innovationsraum) gelangen. Gleichzeitig entsteht aufgrund des einseitigen Aufenthalts im Lern- bzw. Trauerraum der Vorwurf, dass das Ensemble mit der Arbeit (Innovationsraum) nicht vorrankommt, sich also quasi in einem weiteren *safe space* – im Erholungsraum – befindet.

Beim Probieren geht es um den differenzierten Umgang mit den vielen Ebenen von Spannungen und darum, die *safe spaces* in kluger Form miteinander zu kombinieren und gemeinsam als Ensemble oder Kolleg*innen zu einer selbstreflektierten Reife zu gelangen, in der Reibungen bewusst und gezielt gesucht werden. Wie Peter M. Senge beschreibt: »In großartigen Teams wird Konflikt produktiv.«*
Im Kern: *Reife Gruppen scheuen die Reibung nicht, sondern sie suchen sie* (s. »Zu einer lernenden Gruppe reifen«, S. 259 f.).

Fragestellungen in Konfliktsituationen (zum Einstieg):

- Um welche Reibung (künstlerisch, organisatorisch, zwischenmenschlich) handelt es sich?
- Über welchen *safe space* finde ich einen ersten stimmigen Einstiegspunkt?

* Vgl. Peter M. Senge: *The Fifth Discipline*, a. a. O., S. 232.

- In welcher Form soll dieser spezifische *safe space* gestaltet sein?
- In welcher Reihenfolge könnte ich die anderen *safe spaces* nutzen, damit die Dynamik konstruktiv wird?

Auch hier gibt kein Richtig oder Falsch. Es geht nur um einen stimmigen Einstieg, der für die jeweilige Fragestellung einen ersten Handlungsimpuls oder Lösungsschritt andeutet.

Kreative oder emotionale Spannung?

Wie wertvoll Reibung ist, wissen gerade Kunstschaffende aus ihrer täglichen Schaffenslust heraus. Dabei wird dieser Spannungszustand – die intrinsische Suche nach der nächsten Herausforderung – ganz bewusst von ihnen erzeugt.

Um Neues zu entwickeln, braucht es die Fähigkeit, etwas noch nicht Vorhandenes zu denken oder es zumindest zu suchen und damit auch bewusst eine Diskrepanz zwischen Realität und Wunsch aufzuspannen, einem elastischen Band gleich, das uns Richtung Ziel zieht. Im Idealfall befinden wir uns im Lustsog*, wie Friedrich Glasl es ausdrückt.

Dass es sich hier um die kreativ-künstlerische Spannung handelt, liegt auf der Hand. Die Spannungen, die viele als problematisch und kraftraubend empfinden, sind die zwischenmenschlichen und organisatorischen, die sich nicht aussparen lassen, denn sie bedingen einander und manchmal fördern sie sich auch gegenseitig.

Organisatorische Spannungen wie dichtgetaktete Dispos füh-

* Friedrich Glasl/Trude Kalcher/Hannes Piber (Hg.): *Professionelle Prozessberatung. Das Trigon-Modell der sieben OE-Basisprozesse*, Haupt Verlag, Bern 2005, S. 116.

ren auch zu emotionalen Spannungen, doch sie lassen sich auf ihre Ursachen leichter zurückführen, da Ursache und Wirkung weiter auseinanderliegen. Schwieriger wird es, emotionale von kreativer Spannung zu unterscheiden, was jedoch sehr sinnvoll ist, denn kreative Spannung hat oft emotionale Auswirkungen.*

Während wir eine kreative Aufgabe lösen und in der Spannung zwischen Realität und Noch-nicht-Vorhandenem leben, entstehen oft innere Anspannungen oder gar Ängste; Gefühle der Traurigkeit, Hoffnungslosigkeit, Enttäuschung und Entmutigung können aufkommen.

Diese Emotionen sind jedoch nicht dem kreativen Prozess zuzuschreiben, sondern sie sind unsere individuellen emotionalen Reaktionen auf den Prozess. Kapitulieren wir vor diesen Gefühlen, lösen wir damit auch die kreative Spannung auf, anstatt an unseren persönlichen Bewältigungsstrategien zu arbeiten, um sie nicht nur als Einzelne, sondern auch als Gruppe leichter auszuhalten und in der kreativen Spannung zu bleiben.

Wir können lernen, mit emotionalen Spannungen umzugehen – ohne die Qualität der Kreativität zu untergraben, ohne die Kraft der kreativen Spannung aufzugeben. Wir können sogar den Zugang zur eigenen Kreativitätsquelle reinigen, wenn wir unsere eigenen emotionalen Muster besser kennen und in den Griff bekommen. Und das auch zusammen als Gruppe.

In der Probenpraxis haben wir kaum Formate, um diese beiden Spannungen zu unterscheiden und mit ihnen umzugehen, so dass sie sich dort im Weg stehen. Entweder entsteht das Narrativ des*der dominanten, machtmissbräuchlichen Regisseurs*in, der*die die kreative Spannung bewusst zu nutzen und ins Extrem zu ziehen weiß, allerdings dabei auch die emotionale Spannung überreizt, oder man löst die emotionale Spannung auf und traut sich kaum noch kreative Spannung aufzubauen, aus Angst vor den emo-

* Vgl. Peter M. Senge: *The Fifth Discipline*, a. a. O., S. 139–144.

tionalen Folgen. So dominieren beide Extreme: Entweder befinden wir uns in einem kreativen, aber emotional überreizten Raum oder inmitten eines harmonischen Miteinanders ohne jegliche Inspiration (s. »Balance zwischen Teilhabe und Dynamik«, S. 127 f.).

Mithilfe der *dynamic safe spaces* kann es gelingen, diese beiden Spannungen auseinanderzuhalten, das heißt die eine bewusst zu pflegen und sie möglicherweise sogar in forschende Extreme zu führen, während wir gleichzeitig die zwischenmenschlichen Coping-Strategien zu einem achtsamen, harmonischen Miteinander entwickeln (s. »Von Gruppendruck zu Gruppenintelligenz«, S. 258 f.).

Spannungsdreieck als Matrix denken und bespielen

Die *dynamic safe spaces* lassen sich mit dem Spannungsdreieck in einer Matrix zusammendenken: Jede Herausforderung in einem der Felder des Spannungsdreiecks (kreativ, organisatorisch, emotional) kann über verschiedene Kombinationen der *safe spaces* bearbeitet werden.

Was bedeutet das für den Probenprozess? Im Probenalltag steht vor allem der künstlerische Fortlauf im Fokus. Doch dieser kann nur auf einem gut gepflegten und genährten Boden gedeihen. Daher hilft es, Zeiträume einzuplanen (s. »Erweitertes Konzeptionsgespräch«, S. 246 ff., »Feedback-Einheiten während der Probenphase«, S. 252 f.), in denen die kontinuierlich auftretenden organisatorischen und emotionalen Reibungsfelder geklärt werden können. In diesen Zeiten können praktische Fragen oder auch persönliche Blockaden, ungute Gefühle oder Missverständnisse besprochen werden. Es sind Übungsräume für Empathie, Wahrnehmung, Selbstkontrolle, geistige Beweglichkeit, Verständnis der menschlichen Natur in ihren diversen Aspekten und vieles mehr. Qualitäten, die man als Künstler*in benötigt und die wir in diesen Begegnungen üben können. Indem das ganze Span-

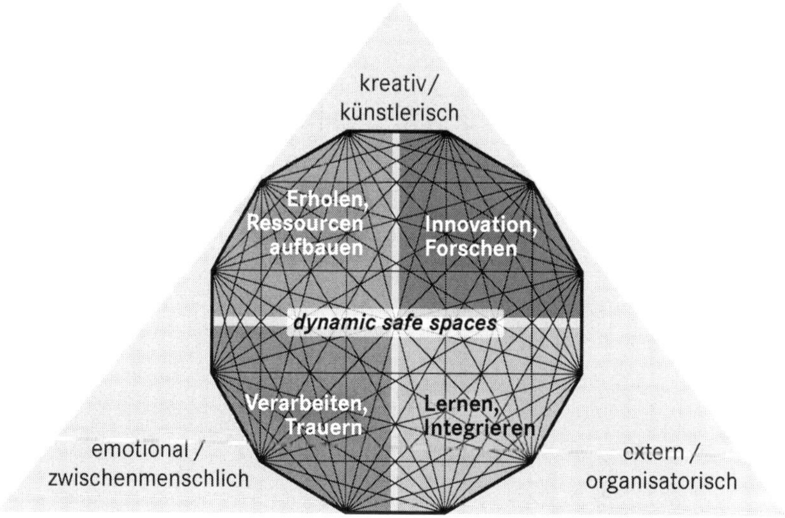

dynamic safe spaces im Spannungsdreieck

nungsdreieck mitgedacht wird, wachsen wir als Menschen und als Künstler*innen, weil wir unsere Denkmuster und Emotionen besser erforschen und verstehen können und uns unserer Funktion innerhalb des Betriebes oder der Organisation weitaus mehr bewusst werden.

Solche Begegnungsräume bieten uns die Chance, als Ensemble zusammenzuwachsen, zu reifen und ein energetisches Geflecht zu erzeugen, auf dem Kunst auf andere Weise Früchte trägt. Hier wird die Bühne geschaffen für eine wirklich künstlerische Probe mit dem ganzen Sein.

Dynamisches Spiel in der freischwingenden Matrix

Die *safe spaces* können für alle Spannungsfelder eingesetzt werden. Es ist im Grunde eine freischwingende Matrix, alles kann für alles interessant und hilfreich sein, auch wenn es naheliegendere Kombinationen gibt: Zum Beispiel erfordern organisatorische

Problemfelder meist neue Wege (Innovationsraum) oder neu zu lernende Kompetenzen (Lernraum). Da sie meist aber auch zu zwischenmenschlichen Spannungen führen, sind dafür wiederum der Verabschiedungs- und Trauerraum und der Ressourcenaufbau- und Erholungsraum gefragt. Oder wenn wir künstlerisch im Innovationsraum waren und uns im Nachgang persönlich verletzt fühlen (zwischenmenschliches Spannungsfeld), suchen wir entweder einen Erholungsraum (für uns alleine) oder für die Klärung einen gemeinsamen Verabschiedungs- und Trauerraum auf. Oder wenn wir einen organisatorischen Konflikt wahrnehmen, der sich schon auf die Stimmung im Team auswirkt (zwischenmenschliche Spannung), gehen wir in den gemeinsamen Lernraum und geben auf zwischenmenschlicher Ebene Feedback oder wir gehen in den Verarbeitungs- und Trauerraum, um uns zu entschuldigen, um dann im Innovationsraum für das organisatorische Spannungsfeld neue Lösungen zu finden.

Erweiterung: Freie Szene

Freischaffende Künstler*innen, die gefördert werden, stellen häufiger die Frage, wie sie die Kommunikation in ihren Ensembles und zu den Förderern aufrechterhalten und ihre Identität besser vermarkten können. Auch hier lässt sich eine Kommunikations-Architektur etablieren mit verschiedenen Strängen, die man aufeinander abstimmen kann (s. Grafik). Die Stränge wären in diesem Beispiel die jeweiligen Einzelprojekte, die Akquise bzw. Förderer und die eigene Identität bzw. »Marke«. Diese Kommunikations-Architektur lässt sich natürlich auch auf feste Häuser beziehen und die Stränge lassen sich jeweils nach Bedarf ändern. So könnte beispielsweise ein Schauspielensemble die Stränge Einzelproduktionen, Schnittstellen im Haus und Ensemblepflege haben.

Alle Stränge benötigen Gefäße, um die drei Felder des Spannungsdreiecks zu bearbeiten: kreativ, organisatorisch, zwischen-

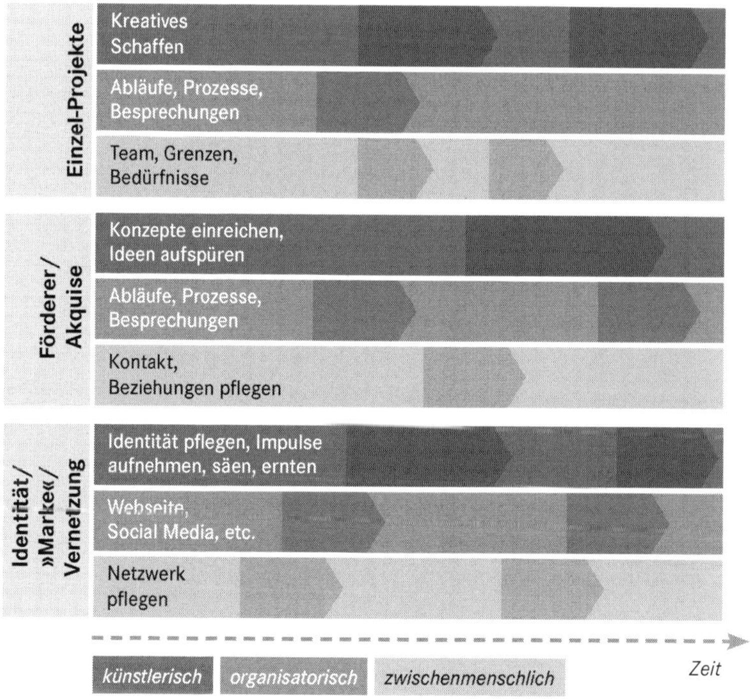

Kommunikations-Architektur in der Freien Szene

menschlich. Je nach Phase bedarf es unterschiedlichen Reihenfolgen (s. »Wandel annehmen und im Fluss bleiben«, S. 231 f.), zum Beispiel kann es sinnvoll sein, die gemeinsame Arbeit mit den organisatorischen und zwischenmenschlichen Verabredungen zu starten, um in Ruhe in die kreative Phase zu kommen.

Die Kommunikations-Gefäße von Anfang an weitgehend festzulegen oder zumindest einige Meilensteine (wie im klassischen Projektmanagement) zu setzen, garantiert den Informationsfluss und den zwischenmenschlichen Austausch und erhält die Umsetzungsenergie aufrecht. Ebenso bleibt der Lernprozess und gegebenenfalls der Changeprozess erhalten.

Im Proben- und Vorstellungsprozess

Schauen wir uns vier praktische Gefäße für den Proben- und Vorstellungsprozess an: das erweiterte Konzeptionsgespräch, Feedback-Einheiten währen der Probenphase, Vorstellungsfeedback und das Produktionsnachgespräch.

Erweitertes Konzeptionsgespräch

Zu Beginn einer Produktion liegt der Fokus meist ausschließlich auf dem künstlerischen Reibungsfeld, das in der Konzeptionsbesprechung ausgiebig besprochen wird, allerdings selten mit allen Beteiligten (meist fehlen Technik, Marketingabteilung, Chor ...). Auch dispositionelle Aspekte werden im Vorfeld geklärt, wie Termine für Proben etc. Organisatorische Absprachen, wer für was zuständig ist, finden aber selten statt. Zum Beispiel müssen sich Gäste oft selbst in einem Haus zurechtfinden, sie werden mitunter nicht an der Pforte abgeholt und in die Prozesse eingeführt. Selten werden auch die expliziten oder von allen unterschiedlich wahrgenommenen zwischenmenschlichen Gruppenregeln und Gruppendynamiken des Ensembles klar definiert. Bei Nachfragen, wie etwas läuft, bekommt man Antworten wie »Das weiß man einfach.«, »Das gehört sich doch so.«, »wie üblich« usw.

Ein *erweitertes Konzeptionsgespräch* könnte der Raum sein, in dem nicht nur die künstlerischen Aspekte erläutert und gegebenenfalls zur Diskussion gestellt werden, sondern gleich die Gruppendynamik und organisatorischen Erwartungen der Regie, des Hauses und der Gäste angesprochen und geklärt werden.

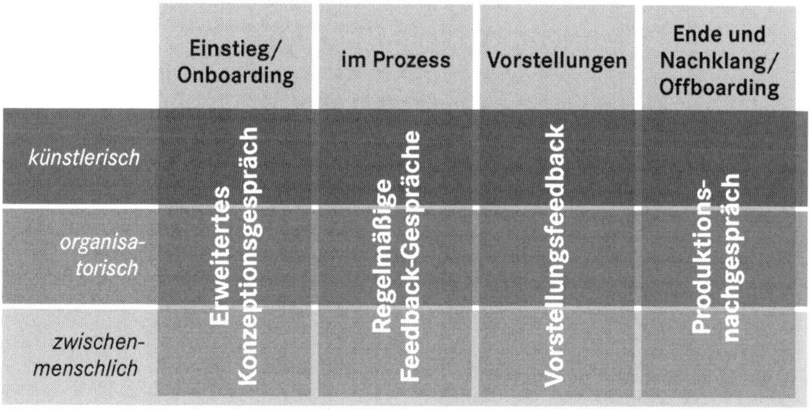

Im Verlauf des Probenprozesses

Nimmt man sich etwa drei Stunden mehr Zeit (ein überschaubarer zeitlicher Aufwand!) könnten Kommunikationswege, auch über die Gewerke und Sparten hinweg, definiert und Verantwortlichkeiten und Erwartungen geklärt werden. Darüber hinaus können individuelle Grenzen und Bedürfnisse kommuniziert und Räume für Konfliktklärungen verabredet werden – alles zu einem Zeitpunkt, an dem die Beteiligten noch aufnahmebereit, voller Tatendrang und objektiv sind.

So müssen die Gruppen nicht mühsam über in der Zukunft liegende Spannungsfelder lernen, sondern der Lernraum ist schon als solcher vorbereitet und konstruktiv gefüllt, wenn wir von Beginn an das Spannungsdreieck in seinen drei Ausprägungen mitdenken und die spezifischen *dynamic safe spaces* als Räume definieren.

Tipps für Fragen für ein erweitertes Konzeptionsgespräch (ca. 3 Stunden)

Die folgenden Beispielfragen haben drei Ebenen: Die übergeordnete Kommunikations-Architektur (s. Teil 1) umfasst die Frage nach der Struktur der gemeinsamen Kommunikation, die Reibungspunkte im Spannungsdreieck umreißen die künstlerische Ausrichtung und Rahmenbedingungen, die organisatorischen Strukturen und Prozesse und die sozialen Absprachen des Miteinanders und schließlich definiert man mit den *dynamic safe spaces* die tragenden Räume während des künstlerischen Prozesses:

1. **Übergeordnete Kommunikations-Architektur:**
   - Welche Kommunikationsformen benötigen wir für eine gute Zusammenarbeit: Welche Treffen brauchen wir? Wozu? Wann? Wie oft? Über welche Kanäle (E-Mail, Telefon, WhatsApp …) tauschen wir uns aus? Wann? Wer? Wie oft?
   - Was wird jeweils kommuniziert?
   - Wann machen wir eine Retrospektive (s. S. 183), um gegebenenfalls nachjustieren zu können? Wer wird dazu eingeladen?
   - Gibt es kollegiale Feedback-Runden? Wann (nach einer Probe und/oder einer Vorstellung)? In welcher Form? (s. S. 178 ff.)
   - Wie werden Entscheidungen in den jeweiligen Bereichen getroffen (s. Delegationsstufen, S. 128 ff.)?

2. **Reibungspunkte im Spannungsdreieck klären:**
   a. extern-organisatorisch:
   - Arbeiten wir kollaborativer oder direktiver? In welcher Form?

- Welche Spielregeln definieren wir für alle Beteiligten (z. B. Pünktlichkeit und Konsequenzen bei Nichteinhaltung)?
- Welche Funktion und Aufgaben hat die Dramaturgie für diese spezifische Produktion?
- Welche Schutzräume haben die Assistent*innen? Wie sind ihre Kommunikationswege? Wie viel Entscheidungsmacht haben sie?
- Wie kann ein Ein- bzw. Ausstieg aus der Gesamtproduktion (nach der Premierenfeier) konkret aussehen? Wie gestalten wir alltägliche Ein- und Ausstiege während des Probenprozesses?
- Wie viel Zeit verbringen wir mit dem Textlernen und der Regeneration (gemeinsam definieren bzw. absprechen)?
- Bei spartenübergreifenden Produktionen: Wie viel Zeit planen wir für »Fachfremdes« ein (z. B. Choreografien, Gesangseinlagen, Live-Musik auf der Bühne)? Wie integrieren wir kollegiales Lernen?
- …

b. emotional-zwischenmenschlich:

- Wie können Teamregeln aussehen, zum Beispiel, dass Stress nicht an anderen (etwa Regieassistent*innen) ausgelassen wird?
- Wie können Probenprozesse bei besonderen Vorkommnissen – Aufkommen brisanter Themen, ungewohnte, heftige Reaktionen des Publikums – begleitet werden?
- Welche Codes oder Stopp-Signale definieren wir bei sexualisierten und/oder diskriminierenden Äußerungen oder Witzen?
- …

c. kreativ-künstlerisch:

- Was ist die gemeinsame künstlerische Vision bzw. Aufgabe?
- Wie sehr soll Mitsprache stattfinden bezüglich der Stoffauswahl, während des Probenprozesses inkl. Ergebnis und Nachbearbeitung (vgl. Delegationsstufen, S. 128 ff.)?
- Inwiefern werden die Bedürfnisse des Ensembles, des Regieteams, der Dramaturgie, des Betriebs, der Schauspieldirektion, der Intendanz in Bezug auf künstlerische Entscheidungen mitgedacht und berücksichtigt?
- Wie sehr sollen Teilnehmende hinter den künstlerischen Ergebnissen stehen? Was geschieht bei Dissens?
- Wie pflegen wir unser methodisches Handwerkszeug als Künstler*innen?
- Wie könnte ein gemeinsames Lernritual (wie die Morgenklasse der Tänzer*innen) bei Schauspielenden und Musiker*innen aussehen?
- …

3. *dynamic safe spaces* definieren:

- Wie bezeichnen wir sie in unserem Ensemble?
- Wie viele brauchen wir?
- Welche Qualitäten umfassen sie?
- Wer beruft sie ein? Wann?
- Wurden *safe spaces* im Probenablauf bereits fest eingeplant?
- …

In der folgenden Tabelle finden Sie Ideen für die Gestaltung der *safe spaces*:

	Ziel	**Anlass**	**Qualität**	**Formate/ Instrumente**
Ressourcenaufbau- und Erholungsraum	auftanken, Ressourcen stärken, gegenseitig verstehen, Wohlbefinden, Gemeinschaft, Sicherheit	nach einer stressigen Phase, nach einem Konflikt, zwischendurch zur Stärkung der Ressourcen	ruhend, erholsam, friedlich, wohltuend, stärkend, belebend, ablenkend, teilend, gebend, schenkend	Komplimente, Stärken aufzeigen, Zuhören, Empathie, Sicherheit bieten (ab S. 188)
Innovations- und Forschungsraum	kreativ, visionär, provokativ, Grenzen überschreitend, Undenkbares tun	in der Erforschung von künstlerischem Material, bei stagnierenden Prozessen (um Festgefahrenes wieder in Fluss zu bekommen)	energetisch, still-intensiv, explosiv, langweilig, eintönig, humorvoll, überraschend, irritierend, verunsichernd, schmerzhaft, frustrierend	aktiv Widerstände suchen, Gegensätze aktivieren, Vorurteile ausloten, die Zusammensetzung von Gruppen verändern (z. B. über künstlerisch und persönlich sich unterscheidende Gast-Künstler*innen), ggf. an irritierenden, inspirierenden, überfordernden Orten probieren (ab S. 78)
Lern- und Integrationsraum	üben, lernen, Fehler machen und erkennen, weitermachen	zum Einüben von Abläufen, zur Umsetzung von Gedanklichem, zum Automatisieren von Neuem	langsam, aber aktiv, Schritt für Schritt, beweglich, tatkräftig, beschwerlich, unbequem, Geduld erfordernd	kollegiales Feedback, klare Kommunikationsregeln zum Thema Widerstand/Kritik, defensives Verhalten, bewusste Förderung von Fehlerkultur, Reflexion der eigenen Coping-Mechanismen (ab S. 180)
Verarbeitungs- und Trauerraum	Verletzungen verarbeiten, betrauern und heilen, Altes aufgeben, aufräumen, loslassen, *kill your darlings**	ritualisiert am Ende der Probe oder bei konkreten Anlässen (Verabschiedungen)	innehaltend, intensiv, introvertiert, innig, friedlich, wertschätzend, verbunden, aufrichtig, trauervoll, wehmütig, hoffnungsvoll, zuversichtlich	Rituale, Entschuldigungen, Gespräche, Zuhören, Empathie, Anerkennung der persönlichen Erlebnisse, Rückfragen zur körperlichen bzw. emotionalen Verfasstheit, das Persönliche steht im Mittelpunkt

* Vgl. Verlustaversion in: Daniel Kahneman: *Schnelles Denken, langsames Denken*, a. a. O., S. 347.

Feedback-Einheiten während der Probenphase

Auch wenn wir noch so präzise alle möglichen Reibungspunkte im Vorfeld geklärt haben, werden aufgrund des dynamischen Prozesses einer kreativ-künstlerischen Arbeit immer wieder neue Konfliktfelder aufkommen. Die *dynamic safe spaces* sollen während der Probenphasen ein Gerüst bieten, um den jeweiligen Rahmen klarer setzen, frühzeitiger eingreifen und Brodelndes klären zu können – um die Qualität des Probenprozesses zu verbessern. Insofern ist es wichtig, immer wieder *Feedback-Gespräche* miteinzuplanen. Die Probenzeiten müssen dadurch nicht unbedingt verlängert werden, sie müssen nur anders strukturiert werden. Da die *safe spaces* frühzeitig Konflikte verhindern, wird letztlich auch Zeit für die Konfliktbearbeitung gespart, die in nahezu jeder Produktion irgendwann Thema ist. Deshalb ist es so entscheidend, bereits zu Beginn eines Probenprozesses die Kommunikations-Architektur und regelmäßige Reflexionsmomente konsequent miteinzubeziehen und dann die *safe spaces* je nach Bedarf mit ihren Qualitäten zu kombinieren.

Selbst in der stressigen Endprobenphase kann dies funktionieren. In dieser Zeit ist es naturgemäß schwieriger, Feedback-Einheiten einzubauen, wir haben eher das Gefühl, in einem kontinuierlichen Lern- und Innovationsraum zu sein. Klugerweise können wir diese Zeit im Vorhinein als solche definieren und im Anschluss einen Reflexionsraum – ob Erholungs- oder Trauerraum – festlegen, der auch nach der Premiere nicht in Vergessenheit geraten sollte.

Sollte das Ensemble den Umgang mit den *dynamic safe spaces* während des Probenprozesses bereits geübt haben, wird es ihm sehr viel leichter fallen, die Instrumente der *safe spaces* auch in dieser spannungsreichen Zeit abzurufen; die Mitglieder werden stressige Phasen zunehmend als Bereicherung empfinden.

Eine Beobachtung als Nachgedanke: Aufgrund der Corona-

Lage wurden oftmals Produktionen vorgeprobt und nach einer Pause wiederaufgenommen, was meist zu einer Vertiefung und ruhigeren Handhabung führte – das Material konnte reifen. Auf eine gewisse Art war die Pause ein Lern- und Integrationsraum. Dies könnte auch eine Lehre für die Veränderung der bislang üblichen Produktionsprozesse sein.

Während der Vorstellungsphase

Viele Regisseur*innen, die Teil des Ensembles sind, verstehen ihr Werk als kontinuierliches *work in progress*, das auch nach der Premiere noch gepflegt wird. Anders sieht es bei Gastregisseur*innen aus, die nach der Premiere oft nicht mehr verfügbar sind. Veränderungen im Nachgang sind nicht erlaubt – aus Respekt vor der Urheberschaft, die interessanterweise ausschließlich einer Person bzw. einem Regieteam zugeordnet wird.

An dieser Stelle sollten wir möglicherweise neu denken. Könnte nicht ein Werk, wenn es häufiger als sechs- bis zehnmal gespielt wird, in die Hände der Spielenden übergehen oder eine Person (ein*e Hausregisseur*in/Regieassistent*in) verpflichtet werden, die für eine Reflexionsrunde während der Vorstellungsphase in einer »Zwischenprobe« zur Verfügung steht?

Eine weitere Form regelmäßiger Feedback-Einheiten könnten Check-in- und Check-out-Momente vor und nach einer Vorstellung sein. Gerade wenn sich möglicherweise nicht alle Schauspielenden mit dem Inhalt des Stückes oder seiner Umsetzung identifizieren können und vor jeder Vorstellung in Unsicherheit und Stress geraten, wäre eine Form des Check-ins vor und nach jeder Vorstellung hilfreich. Wie auch in Besprechungen (s. S. 181 f.) helfen diese Formate, um sich gegenseitig zu unterstützen und sich als Team einzuschwingen. Ebenso können im Nachgang bei einem Check-out Spannungen und Emotionen abgebaut werden, damit der Übergang in den Alltag leichter fällt oder einzelne Schauspielende aufgefangen werden, die einfach einen schlechten Abend hatten.

Auch kann ein regelmäßiges *Vorstellungsfeedback* die künstlerische Entwicklung der Schauspielenden fördern. Durch die gemeinsame Reflexion, in die jedes Ensemblemitglied aktiv miteinbezogen wird, kann man das Gefühl eines *work in progress* gestalten, ohne die Produktion selbst zu verändern, und damit auch für eine anhaltende Lebendigkeit der Produktion und des gemeinsamen Spiels sorgen.

Produktionsnachgespräch

Ein weiterer Weg, Feedback zu erhalten und einen Lernraum zu schaffen, ist ein *Produktionsnachgespräch*, das entweder mit Abspielen des Stückes (wenn es nicht sehr lange läuft) oder zwei bis drei Wochen nach der Premiere stattfindet.

Bei einem Produktionsnachgespräch gibt es drei Ansätze:

Künstlerische Nachbereitung:

Wenn wir mit dem Begriff Produktion ausschließlich die Kunst auf der Bühne assoziieren, dann umfasst ein Produktionsnachgespräch eine künstlerische Nachbereitung, bei der sich das Ensemble und die künstlerische Leitung zusammensetzen und über die Umsetzung der künstlerischen Inhalte, Rollenentwicklungen, Publikumsreaktionen etc. sprechen. Bleiben wir im Konzept der *dynamic safe spaces*, so ist diese Form der Nachbereitung in dem Lern- und Reflexionsraum vorhanden und kann im Nachgang auch als solcher einberufen werden. In diesem Sinne ist es kein klassisches Produktionsnachgespräch, sondern der Abschluss des künstlerischen Proben- und Vorstellungsprozesses.

Produktionsnachgespräch mit allen Beteiligten:
An einer Produktion sind wesentlich mehr Menschen beteiligt als nur die Künstler*innen auf der Bühne. In einem weitergefassten Produktionsnachgespräch sollten sämtliche Beteiligte aller Gewerke (oder Vertretende) inklusive externen Regie-, Bühnen- und Kostümbildner*innen-Teams zusammenkommen und sich darüber verständigen, wie sie die Zusammenarbeit erlebt haben und was sie sich vielleicht anders gewünscht hätten. Viele Externe sind dankbar für diese Form des Reflektierens. Auch sie lernen daraus, und mit den neuen digitalen Möglichkeiten ist auch ein Nachgespräch ohne viel Aufwand online gut terminierbar (s. auch »Schnittstellenformate wie Produktionsnachgespräche …«, S. 192 f.).

Für die Reflexion der Produktionsweise hat sich das Format des Feedback-Dreiklangs bewährt (s. S. 182 ff.): »Was lief *organisatorisch, künstlerisch, zwischenmenschlich* gut?« Allerdings liegt bei einem Produktionsnachgespräch mit allen Beteiligten der Fokus eher auf den organisatorischen und zwischenmenschlichen Aspekten. Wir könnten auch die künstlerischen Aspekte abfragen. Nur wenn wir von einem hierarchischen System ausgehen, in dem in diesem Fall die Regie die letzte Entscheidungsinstanz ist, entsteht die Frage, welche Aspekte in Bezug auf das künstlerische Schaffen überhaupt angesprochen werden können. Was ist der künstlerischen Freiheit einer einzelnen Person vorbehalten, was sollte daher respektiert und nicht angesprochen werden?

Produktionsübergreifendes Nachgespräch:
Manchmal hilft es auch, die Grundstrukturen anzuschauen, die sich über mehrere Produktionen erstrecken. Hier geht es um organisatorische und zwischenmenschliche Abläufe in einem Haus oder Ensemble, die als wiederkehrende Muster an gewissen Stellen jedes Mal auftreten und einmal grundsätzlich geändert werden sollten.

dynamic safe spaces halten und führen

Ein *safe space* im künstlerischen Kontext ist dynamisch. Wie die Dynamik abläuft und welche Phasen zu welchem Zeitpunkt nutzbringend sind, liegt in der Verantwortung der Leitung bzw. im Dialog zwischen Leitung und Ensemble oder in der Selbstverantwortung des Ensembles. Allerdings muss die dirigierende Person, meist der*die Regisseur*in, diesen Raum auch schützen können.

Jede Person, die eine Gruppe anleitet, sollte in Gruppendynamiken und ihren Auswirkungen geschult werden. Dieser Aspekt kommt erfahrungsgemäß in der künstlerischen Ausbildung zu kurz, so dass die gruppendynamischen Prozesse während der Probenphase oft den künstlerischen Vorgang torpedieren oder schlichtweg so viel Chaos verbreiten, dass sich alles vermischt.

An dieser Stelle verweise ich nochmals auf den ersten Teil dieses Buches, der ausführlich auf das Halten eines Raumes, auf die Moderation und den Umgang mit Emotionen sowie auf die Arbeit an der eigenen Haltung eingeht. Diese Grundlagen reichen in den meisten Fällen aus, um die alltäglichen Herausforderungen zu meistern.

Tipps und Anregungen zur dynamischen Gestaltung der *safe spaces* im Probenprozess

- Sie können im Probenprozess flexibel zwischen den *safe spaces* hin- und herwandern. Auf diese Weise können Sie die Resilienz Ihres Ensembles stärken. Das konkrete Modell kann helfen, Bedürfnisse und Anliegen innerhalb Ihres Ensembles zu klären.
- Definieren Sie zu Beginn einer Produktion oder einer Spielzeit (wenn Sie ein festes Ensemble sind), die verschiedenen Räume und was sie umfassen etc. (s. S. 251.).

- Reflektieren Sie: Wie kündigen sich Übergänge Ihrer Erfahrung nach (aus vorhergehenden Probenprozessen) an? Wann wurde eine Qualität zu viel? Mit welchen *safe spaces* haben Sie gute Erfahrungen gemacht? Wie wollen Sie sie konkret benennen und Ihren Ensemblemitgliedern vermitteln?
- Definieren Sie über die Spielzeit hinweg zwei bis drei Reflexionszeiträume von drei bis vier Stunden Dauer als Retrospektiven (s. S. 183, s. auch Kommunikations-Architektur, S. 25 ff.). Klären Sie bei diesen Terminen, ob die Räume so funktionieren und was Sie verändern möchten. Auch das Gestalten der Räume selbst ist ein dynamischer Prozess.
- Pflegen Sie eine regelmäßige Kommunikations-Architektur (z. B. Besprechungen, Feedback Gespräche). Beachten Sie vor allem das »Im-Kreis-Sprechen«, (S. 81 ff.) als immer wieder hilfreiches Blitzlicht-Tool, um Ruhe hineinzubringen und Erkenntnisse zu fördern.
- Sollten diese Kommunikationsformate und Gefäße für Ihre Arbeit nicht ausreichen oder nicht gut funktionieren, erfinden Sie neue oder passen Sie die von mir vorgeschlagenen an. Ziel ist es, dass Sie zu einer gemeinsamen Sprache finden.
- Im Allgemeinen wird behauptet, dass schlechte Rahmenbedingungen eine schlechte Qualität hervorrufen, was meistens auch der Fall ist. Bedenken Sie allerdings, dass in manchen Fällen – etwa durch organisatorisch-externe Einschränkungen – neue kreative Räume und Ideen geschaffen werden können. Nutzen Sie die Widerstände als Inspirationsmotoren!

Kommunikation als Entwicklungsmotor für Gruppen – Schlussbetrachtung

Dieses Buch versammelt viele Tipps und beschreibt, wie wir ein strukturiertes Kommunizieren erreichen, das zielgerichtet und kreativ ist und die Potenziale der Menschen nutzt. Diese Aspekte stellen für mich die Grundlage dar, um überhaupt über Strukturwandel, neue Führungskonzepte, Diversität und Selbstorganisation sprechen und diese vor allem auch in der Praxis umsetzen zu können.

Vielleicht braucht es gar nicht mehr so viel weiteres Wissen. Grundvoraussetzung für jeden Entwicklungsprozess ist und bleibt die Kommunikation. Wenn sie miteinander kommunizieren kann, reift eine Gruppe von selbst und kann ihre Potenziale organisch aus sich heraus entwickeln.

Vom Gruppendruck zur Gruppenintelligenz

Wie wichtig die Auseinandersetzung mit dieser komplexen Kommunikationsfähigkeit auf individueller und organisatorischer Ebene ist, zeigen die Experimente zu Gruppendruck oder Groupthink, zu denen es im Internet unzählige Videobeispiele gibt.

Wenn eine große Gruppe von Menschen einer Meinung ist und diese behauptet, ist es als einzelne Person oder Minderheit enorm schwer, wenn nicht gar unmöglich, dagegen anzukommen. Irgendwann knicken wir ein – aus Angst davor, ausgeschlossen und von der Gruppe sanktioniert zu werden, aus

Gefühlen der Ohnmacht und dem Wissen, keinen Einfluss zu haben; Mehrheitsentscheidungen sind schließlich der Standard in einer Demokratie. Manchmal sind wir auch unsicher und fragen uns, ob unser Denken und unsere Meinung überhaupt einen Wert haben, ob sie gar »richtig« sind, wenn sich uns niemand anschließt.

Bei manchen Gruppen gibt es schon von Anfang an keine Gegenstimmen, was oftmals gerade Führungskräfte dazu verleitet, sich entweder in trügerischer Sicherheit zu wiegen: »Alle sind für das, was ich sage.«, oder sich zu beklagen: »Warum sagt niemand etwas dazu?«

Dem Gruppendruck Raum zu geben, wäre in jedem Fall falsch, besser wäre es, diesem natürlichen Mechanismus mit einem Gegenentwurf zu begegnen und die Intelligenz der Vielfalt zu aktivieren.

Dieses Buch hält eine Fülle an Ideen bereit: das Konsent-Prinzip (S. 138 ff.), das Im-Kreis-Sprechen (S. 81 ff.), den Umgang mit negativem Feedback (S. 181 f.), die Auseinandersetzung mit verschiedensten Stakeholder*innen in Großgruppenformaten (ab S. 203) etc.

Unterm Strich bedeutet es immer, dass wir Mut aufbringen müssen, in dieses komplexe Geflecht von Vielfalt hineinzutauchen, in dem Bewusstsein, eigene Grenzen und blinde Flecken aufgezeigt zu bekommen, mit Emotionen und Irritationen (auch in uns) konfrontiert zu werden und stets unser Selbstbild hinterfragen zu müssen, ohne dass wir die Schuld bei anderen suchen, sondern alles als natürlichen Entwicklungsprozess und Reifungsvorgang begreifen.

Zu einer lernenden Gruppe reifen

Wenn diese Art des Kommunizierens gelingt, dann entsteht etwas Beeindruckendes: Wir reifen als Gruppe aneinander. Die alltäglichen Herausforderungen sind keine Widersacher oder Schicksalsschläge mehr, sondern Stufen in einem Reifungsprozess. Wir entwickeln die Kompetenz, als Gruppe zu funktionieren.*

In der reifen Gruppe entsteht eine gemeinsam getragene Haltung von Neugier über das, was ist. Ohne ihre Individualitäten aufzugeben, findet die Gruppe einen gemeinsamen, tieferen Sinn, dem sie sich verpflichtet fühlt. Die Vielfalt der Individualitäten wird zum Motor und Wissensschatz. Der Weg selbst und die neuen Erkenntnisse sind die eigentliche Befriedigung, nicht das gelungene Werk: Die täglich gepflegte Lern- und Gemeinschaftskultur steht im Vordergrund.

Die Gruppe ruht in sich in völliger Selbstsicherheit, ohne überheblich zu werden. Sie sucht sich herausragende Ziele, die jenseits ihrer Möglichkeiten liegen, um Wachstumsdynamik zu erzeugen. Sie sucht nach der emotionalen Entwicklung, die Intuition und Unbewusstes einbindet und sie dabei bewusst von selbstgewählten Knebeln, inneren Widerständen aus limitierenden Gedankengängen und Glaubenssätzen löst. Denn hier liegen die größten Hebel zu Veränderung und Bewegung und innerer Meisterschaft.

Trotz aller Hindernisse bekommt die alltägliche Arbeit eine Eleganz und Leichtigkeit. Die Individuen in der Gruppe arbeiten nicht *gegen*einander, sondern steuern durch die Reibung *an*einander gemeinsam auf ein Ziel zu, wobei sie einen Weg beschreiten,

---

* Vergleiche die vier Stufen der Kompetenzentwicklung von Noel Burch: Unbewusste Inkompetenz (Ich weiß nicht, dass ich etwas nicht kann. Hier sind Kritik und Feedback-Angebote Wege, um die eigenen blinden Flecken zu erhellen.); Bewusste Inkompetenz (Ich weiß, dass ich etwas nicht kann. Hier entsteht Lernbedarf.); Bewusste Kompetenz (Ich weiß, dass ich es kann. Erfolgserlebnisse und sprunghafte Entwicklungen zeigen die eigene Entwicklung.); Unbewusste Kompetenz (Ich weiß nicht, dass ich es kann. Mein Wissen, meine Fähigkeiten sind integriert und gehören zu mir.) (s. Wikipedia-Eintrag »Kompetenzstufenentwicklung«).

der sich von Moment zu Moment organisch innerhalb der Komplexität der Umstände auftut. Die Gruppe schafft sich ein Klima des Lernens, bei dem es täglich darum geht, Visionen zu kreieren und die tiefere Wahrheit als Standard anzuerkennen. Dabei gehört es zum guten Ton, den Status quo immer zu hinterfragen.

Der theatrale Erfahrungsraum als Lernort einer Gesellschaft

Der Gedanke, als Ensemble miteinander zu reifen, lässt sich auch auf das Theater als Ganzes und auf die Gesellschaft übertragen. Wenn wir die Erfahrungen, das Können und Wissen aus dem Gelernten nutzen, kann auch das Theater als lernender Raum ein Ort werden, um als Gesellschaft zusammenzuwachsen.

Jenseits einer Bildungsanstalt könnte heute der Sinn von Theater darin bestehen, es als einen neuen Ort der interaktiven Begegnung und des kollektiven Lernens zu begreifen, im intensiven Austausch mit anderen Kulturen, mit vielfältigen theatralen Traditionen und den gesellschaftlichen Aufgaben, diese zu integrieren oder ihnen den Raum des Andersseins zuzugestehen. Daneben gilt es, das ihm Eigene zu zelebrieren: die Verbindung aller Sinne, das Zusammenspiel von Verstand, Emotionen, Körperlichkeit, Sinnlichkeit; keine rein abstrakte, kühle Intellektualität, die nicht in Gänze berühren und damit auch ihre Wirkkraft nicht entfalten kann. Als Menschen lernen wir viel intensiver, nachhaltiger und mit größerer Umsetzungswilligkeit, wenn alle unsere Sinne angesprochen werden.

Theaterkultur wird damit zum interaktiven, sinnlichen Erfahrungsraum, der zu der heutigen Welt und dem heutigen Lernen passt, der durch Selbsterfahrung und Suche gestaltet wird und in dem weiterhin der Unterhaltungsaspekt eine tragende Rolle spielt. Theater als ein Ort mit einem Angebot an Sinnhaftigkeit, an vielfältigen Lebensentwürfen, ein fließender Übergang von

Gesellschaft und Reflexionsraum, ohne Zeigefinger oder Moralkeule – denn wer könnte sich herausnehmen, das »Richtige« zu definieren?

Fazit: *DAS* Geheimnis des Erfolges lautet …

… ins Tun kommen.

Im Berufsalltag planen, denken, konzipieren und diskutieren wir viel, doch Dinge umzusetzen, fällt uns schwer. Die Ausführungen in diesem Buch zielen nur auf eins: ins Tun zu kommen – mit Bedacht und guter Vorbereitung. Meine Einladung an dieser Stelle lautet: Legen Sie den Fokus auf die Umsetzung – reden, konzipieren, verhandeln, diskutieren Sie weniger, sondern fokussieren Sie sich auf das aktive Handeln. Haben Sie Mut zum Scheitern – Rückfälle sind wichtig, um aus ihnen zu lernen; stehen Sie danach wieder auf und gehen Sie die nächste Aufgabe an. Starten Sie mit kleinen Schritten. Einer nach dem anderen. Erst wenn wir uns mit den kleinen Schritten auseinandersetzen, erkennen wir ihre Wichtigkeit auf dem Weg zum großen Ziel.

Und womit starten Sie JETZT*?*

Bibliografie/Literatur

Jurgen Appelo: *Managing for Happiness. Games, Tools, and Practices to Motivate Any Team,* Wiley, Hoboken, New Jersey 2016

Christina Barandun: *Erste Hilfe für die Künstlerseele. Stressbewältigung, Kommunikation und Konfliktlösung im Kulturbetrieb,* Alexander Verlag, Berlin 2018

Mike Burrows: *Kanban: Verstehen, einführen, anwenden,* dpunkt.verlag, Heidelberg 2015

Ruth C. Cohn: *Von der Psychoanalyse zur themenzentrierten Interaktion. Von der Behandlung einzelner zu einer Pädagogik für alle,* Klett-Cotta Verlag, Stuttgart 1975

Stephen R. Covey: *The 7 Habits of Highly Effective People,* Simon & Schuster, London 2004

Friedrich Glasl/Trude Kalcher/Hannes Piber (Hg.): *Professionelle Prozessberatung. Das Trigon-Modell der sieben OE-Basisprozess*e, Haupt Verlag, Bern 2005

Luke Hohmann: *Innovation Games: Creating Breakthrough Products Through Collaborative Play,* Addison-Wesley Professional, 2006

Gerald Hüther: *Biologie der Angst. Wie aus Streß Gefühle werden,* Vandenhoeck & Ruprecht, Göttingen 2014

François Jullien: *Vortrag vor Managern über Wirksamkeit und Effizienz in China und im Westen*, Merve Verlag, Berlin 2006

Adam Kahane: *Transformative Scenario Planning. Working Together to Change the Future,* Berrett-Koehler Publishers, San Francisco 2012

Daniel Kahneman: *Schnelles Denken, langsames Denken*, Siedler Verlag, München 2012

Sam Kaner: *Facilitator's Guide to Participatory Decision-Making,* Jossey-Bass/Wiley, Hoboken, New Jersey 2014

Christoph Keese: *Silicon Valley. Was aus dem mächtigsten Tal der Welt auf uns zukommt*, Penguin Verlag, München, 2016

Elisabeth Kübler-Ross: *On Death and Dying*, The Macmillan Company, New York 1969

Mary E. Casey/Shannon Murphy Robinson: *Neuroscience of Inclusion. New Skills for New Times,* Outskirts Press, Parker, Colorado 2017

Bernd Oestereich/Claudia Schröder: *Das kollegial geführte Unternehmen. Ideen und Praktiken für die agile Organisation von morgen*, Vahlen Verlag, München 2016

Marshall B. Rosenberg: *Gewaltfreie Kommunikation. Eine Sprache des Lebens*, Junfermann Verlag, Paderborn 2013
C. Otto Scharmer: *Essentials der Theorie U. Grundprinzipien und Anwendungen*, Carl-Auer Verlag, Heidelberg 2018
Josef W. Seifert: *Besprechungen erfolgreich moderieren. Kommunikationstechniken für Leiter und Teilnehmer*, Gabal Verlag, Offenbach 2018
Peter M. Senge: *The Fifth Discipline. The Art & Practice of the Learning Organization*, Currency, New York 2006
Steve de Shazer/Yvonne Dolan: *Mehr als ein Wunder. Lösungsfokussierte Kurztherapie heute*, Carl-Auer Verlag, Heidelberg 2016
Samantha Slade: *Going Horizontal. Creating a Non-hierarchical Organization, One Practice at a Time*, Berrett-Koehler Publishers, Oakland 2018
Ian Stewart/Vann Joines: *Die Transaktionsanalyse*, Herder Verlag, Freiburg 1990
Alois Summerer/Paul Maisberger: *Teamwork agil gestalten: Das Mitmachbuch*, Hanser Verlag, München 2018
Bruce W. Tuckman: »Developmental Sequences in Small Groups«, in: *Psychological Bulletin* Vol. 63, 1965
Unfallkasse Nordrhein-Westfalen: *Handlungsleitfaden zur Gefährdungsbeurteilung psychischer Belastungen für Beschäftigte in der darstellenden Kunst*, 2018
Wendy Wood/Dennis Rünger: »Psychology of Habit«, in: *Annual Review of Psychology* 6, Vol. 67/2016, S. 289–314 (www.annualreview.org)

Dank

Dem Alexander Verlag Berlin danke ich erneut für die angenehme Zusammenarbeit.

Antje Wewerka möchte ich für das Cover und für die Unterstützung bei der grafischen Gestaltung des Buches danken. Im Titelbild zeigt sich auf beeindruckende Weise, wie das kommunikative Zusammenspiel vernetzt und doch strukturiert sein kann und gleichzeitig ein interaktives, unkontrollierbares Ganzes bleibt. Auch in den Grafiken zu den *dynamic safe spaces* und dem Selbstbild greift sie dieses Motiv wieder auf; die komplexen, vielfältigen Inhalte des Buches können durch ihre stimmige, grafische Umsetzung auf einfache Art und Weise nachvollzogen werden.

Zum zweiten Mal hatte ich die große Freude, mit der Lektorin Christin Heinrichs-Lauer zusammenzuarbeiten. Ihre klare, einfühlsame Art mitzudenken, mit strukturierenden Ideen zu lenken, und die Leichtigkeit, mit der sie in der Komplexität der Zusammenhänge mitschwingt, waren überaus wertvoll. Als konstruktive Sparringspartnerin hat sie wesentlich dazu beigetragen, die Zusammenhänge in ihrer Gleichzeitigkeit, die mich auf dem Blatt manchmal zum Verzweifeln brachten, zu sortieren, zu strukturieren und treffend zu verdichten.

Dieses Buch wäre nicht entstanden, wenn ich nicht in den letzten fünf Jahren mit all den großartigen Menschen hätte arbeiten dürfen, die in Theatern und Ensembles vereint sind – sie alle sind für mich die lebendigsten, inspirierendsten und unterhaltsamsten Lernpartner*innen!

Es gibt nichts Beflügelnderes, als in der Arbeit täglich weiterlernen zu können, immer wieder neue Grenzen zu entdecken, sie zu überwinden oder bewusst zu setzen. Die größte Freude für mich ist es, jeden Tag auf Menschen zu treffen, die mit dem gleichen inneren Antrieb unterwegs sind, die wachsen, gestalten, verändern, bereichern, Lust machen und ihre eigenen Potenziale entfalten möchten … erst recht in einer Zeit, in der wir uns wesentlich vernetzter und gemeinschaftlicher in der gesamten Theaterlandschaft bewegen. Ich danke daher allen, mit denen ich in kleineren und größeren Zusammensetzungen, näher und ferner, mit schwereren und leichteren Themen auf so sinnvolle Art meine Lebenszeit verbringen darf. Ich freue mich schon jetzt auf die vielen, vielen Dinge, die wir in Zukunft gemeinsam gestalten werden!

Vor allem möchte ich mich bei Hermann bedanken, der mir nicht nur durch seine Erfahrungen in klar strukturierten Arbeitskontexten schon viele praktische Tipps gegeben hat, sondern der mich auch durch seinen naturwissenschaftlich-humorvollen Blick regelmäßig aus meiner emotionalen Theaterblase holt und mein Ruhepol im künstlerischen Alltagswahnsinn ist.

»Christina Barandun versteht nicht nur die Dynamiken in Gruppen und wie man sie konstruktiv nutzt, sondern vor allem auch die besonderen Prozesse in Kulturbetrieben. Ihre praktischen und zugewandten Ideen und Vorschläge öffnen immer wieder Türen.«

Anja Dirks, Inga Schonlau, Jörg Pohl,
Antú Romero Nunes, Theater Basel

»Der integrative Ansatz, der alle Stakeholder*innen des Theaters einbezieht, ist ein Erfolgsrezept für ein modernes und zukunftsfähiges Theater.«

Heisam Abbas, Badisches Staatstheater Stuttgart

»Egal welche Seite ich aufschlage, ich finde immer Inspiration und konkrete Impulse. Räume öffnen sich, um die eigene Haltung zu bewegen, andere Perspektiven einzunehmen und im täglichen Theaterleben den konstruktiven Dialog für gute Prozesse und Resultate zu führen.«

Barbara Kaufmann,
Tanztheater Wuppertal Pina Bausch